食品加工理论与实用技术研究实践

冯雅蓉 著

天津出版传媒集团

天津科学技术出版社

图书在版编目（CIP）数据

食品加工理论与实用技术研究实践 / 冯雅蓉著. --
天津：天津科学技术出版社, 2023.11
　　ISBN 978-7-5742-1667-9

　　Ⅰ.①食… Ⅱ.①冯… Ⅲ.①食品加工 – 研究 Ⅳ.
①TS205

　　中国国家版本馆CIP数据核字(2023)第208428号

食品加工理论与实用技术研究实践
SHIPIN JIAGONG LILUN YU SHIYONG JISHU YANJIU SHIJIAN

责任编辑：刘　磊
责任印制：兰　毅

出　　版：天津出版传媒集团
　　　　　天津科学技术出版社
地　　址：天津市西康路35号
邮　　编：300051
电　　话：（022）23332399
网　　址：www.tjkjcbs.com.cn
发　　行：新华书店经销
印　　刷：河北万卷印刷有限公司

开本 710×1000　1/16　印张　15　字数　210 000
2023年11月第1版第1次印刷
定价：88.00元

前　言

在经济发展的新形势下，人们的消费观念逐渐转变，越来越多的人认识到食品安全及食品营养的重要性。与此同时，科学技术的创新扩大了食品加工技术的应用范围，不同类型的技术具有不同的特点，适用于不同品类的食物。对于果蔬类食品而言，合适的加工工艺能够在消毒杀菌的同时，延长食品保质期，为物流运输及仓储管理提供便捷；对于消费者而言，合适的加工工艺能够使其品尝到更安全、新鲜的瓜果蔬菜。除此之外，新兴加工技术的应用突破了传统工艺的束缚，能够最大限度地保留食品本身的营养，避免了食品质变问题对人体的危害。人们根据食品特性的不同及具体的生产要求，选择恰当的加工工艺，能够在保持食品活性的同时，避免矿物质、维生素的流失，从而使食品维持本身的风味。

正所谓："民以食为天。"食品是国家快速发展、居民稳定生活的基础保障。因此，立足社会及市场实际需求，积极研究新食品加工技术，为消费者提供更高水平、更优质的食品，形成良性循环，成为食品行业健康发展的必由之路。

本书分为六章，第一章为食品加工的安全控制，介绍了食品加工质量安全问题发生的相互作用理论、食品加工的质量监管与安全控制；第二章为食品原料的加工保藏，介绍了果蔬的加工保藏、肉的加工保藏、水产的加工保藏、乳与蛋的加工保藏；第三章为食品杀菌技术及应用，介绍了热杀菌、非热杀菌、化学杀菌；第四章为食品干燥技术及应用，介绍了真空冷冻干燥、热风干燥、微波干燥；第五章为食品发酵技术及应用，介绍了食品发酵与微生物、发酵饮料的发酵工艺、发酵工程的应用；第六章为食品酶技术及应用，介绍了食品酶工程关键技术、酶技术在食品加工中的应用。

限于作者水平，书中难免存在不足之处，敬请读者指正。

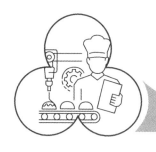

目　　录

第一章　食品加工的安全控制 / 003

　　第一节　食品加工质量安全问题发生的相互作用理论 / 004
　　第二节　食品加工的质量监管与安全控制 / 005

第二章　食品原料的加工保藏 / 007

　　第一节　果蔬的加工保藏 / 008
　　第二节　肉的加工保藏 / 013
　　第三节　水产的加工保藏 / 027
　　第四节　乳与蛋的加工保藏 / 036

第三章　食品杀菌技术及应用 / 047

　　第一节　热杀菌 / 048
　　第二节　非热杀菌 / 055
　　第三节　化学杀菌 / 058

第四章　食品干燥技术及应用 / 063

　　第一节　真空冷冻干燥 / 064
　　第二节　热风干燥 / 080
　　第三节　微波干燥 / 085

第五章　食品发酵技术及应用 / 089

　　第一节　食品发酵与微生物 / 090

第二节　发酵饮料的发酵工艺　/　102

第三节　发酵工程的应用　/　104

第六章　食品酶技术及应用　/　119

第一节　食品酶工程关键技术　/　120

第二节　酶技术在食品加工中的应用　/　122

第七章　食品冷藏冷冻技术及应用　/　125

第一节　食品腐败变质的机制　/　126

第二节　食品冷藏链的发展　/　143

第三节　食品冷冻技术的发展　/　151

第八章　食品的热处理　/　159

第一节　热处理原理　/　160

第二节　热处理对食品的影响　/　162

第三节　食品热处理条件的选择与确定　/　165

第四节　典型食品热处理　/　166

第九章　食品的非热加工　/　185

第一节　食品辐照技术　/　186

第二节　超高压技术　/　193

第三节　栅栏技术　/　201

第十章　食品的化学保藏　/　207

第一节　食品腌制　/　208

第二节　食品烟熏　/　217

第三节　化学保藏剂　/　225

参考文献　/　231

绪 论

　　蔬菜制品、肉制品、水产制品、粮食加工品等食品是中国居民的主要能量与营养来源。因此，食品加工业的健康发展事关全民营养健康和国计民生。

　　当前，全球人口正经历着前所未有的快速增长，发展中国家经济水平正持续上升，世界各国对食品的需求以前所未有的速度增长，人们对食物消费的需求也越来越多样化。在这一大背景下，科学技术已经成为拉动经济全球化的重要引擎，自主创新能力日益成为全球性竞争的焦点。比如，以膜分离技术、纳米中和技术为代表的绿色制油技术，正引领着油脂加工领域新一轮的技术革新；关键组分修饰改性技术、健康成分生物高效富集技术保障了粮食加工产品的安全、营养和美味；新型检测技术和核心检测设备的研发、智能活性包装与智慧物流的开发，以及追溯体系的建设，实现了对有害物质的发现、控制与预防，强化了食品质量安全保障。

　　毫不夸张地说，食品安全关系人民群众身体健康和生命安全，关系中华民族未来。党的十九大报告也明确提出实施食品安全战略，让人民吃得放心。基于此，深化改革创新，用最严谨的标准、最严格的监管、最严厉的处罚、最严肃的问责，进一步加强食品安全工作，是确保人民群众"舌尖上的安全"的必由之路。

第一章　食品加工的安全控制

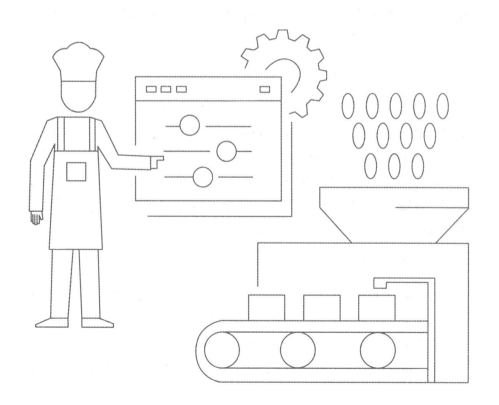

第一节　食品加工质量安全问题发生的相互作用理论

食品加工质量安全问题发生的相互作用理论主要包含信息不对称理论、外部性理论、博弈论理论等内容。

一、信息不对称理论

信息不对称是指食品加工制造企业与市场消费者之间，掌握的食品生产加工信息不对等。食品生产企业掌握着更多的食品原料、加工等信息，而普通消费者只能通过食品的标签信息、生产日期信息查看食品生产所用的原材料、加工工艺等。在这一情况下，社会市场中食品加工企业的卖方有可能利用双方信息的不对称，在食品生产中添加过量的添加剂，带来潜在的食品安全问题。

二、外部性理论

外部性理论认为，企业经济行为可能会使社会企业、社会个体的利益出现收益或损害的情况，但造成他人利益损害的企业并没有为此承担成本。以食品生产加工的质量安全问题为例，食品市场上的大中型企业，销售符合规定的质量合格食品，会对相关小企业、社会消费者产生正向影响。而食品企业生产加工不符合安全标准的、劣质的产品时，会对消费者权益产生负向影响。

三、博弈理论

博弈论是决策主体、其他主体行为发生的相互作用理论，具体到食品生产加工的质量安全问题方面，主要集中在食品企业、政府监督部门间的博弈上。企业内部食品质量标准、国家食品安全相关惩处措施在很大程度上影响着企业食品生产的动机、行为，因此加强企业食品质量管理、形成企业与政府监管部门的合作，是保证食品安全的重要环节。

第二节 食品加工的质量监管与安全控制

一、国内食品质量安全控制的法律法规

当前，针对食品生产加工流程方面的安全控制，我国已制定出多部法律法规，如《中华人民共和国食品安全法》《中华人民共和国农产品质量安全法》《中华人民共和国消费者权益保护法》等。例如，《中华人民共和国食品安全法》第三十三条规定，具有与生产经营的食品品种、数量相适应的食品原料处理和食品加工、包装、贮存等场所，保持该场所环境整洁，并与有毒、有害场所以及其他污染源保持规定的距离；具有合理的设备布局和工艺流程，防止待加工食品与直接入口食品、原料与成品交叉污染，避免食品接触有毒物、不洁物；用水应当符合国家规定的生活饮用水卫生标准；使用的洗涤剂、消毒剂应当对人体安全、无害。《中华人民共和国农产品质量安全法》第二十九条规定："禁止在农产品生产经营过程中使用国家禁止使用的农业投入品以及其他有毒有害物质。"

二、食品加工质量监督和安全控制的完善措施

（一）依法建设食品安全检测机构

在食品加工企业分布比较密集的地区（尤其是城市和乡镇），食品安全检验检测机构可以建立流动性的食品检验站，对食品企业进行分组监督。另外，大型食品加工企业通常社会形象和信誉度良好，组织内部具备较为完善的食品安全生产管理体系，实现了对不同食品生产环节的全方位监控。部分食品加工企业完全可以实现自行质检和测试。对中小

食品企业而言，其往往不具备良好的生产环境，自测能力不高，仍需要由县级食品流动检验站重点监督，以便更好地反馈检测信息，帮助监督管理部门强有力的监督、管理食品安全与食品卫生。

（二）提高食品质量安全检测能力

食品安全质量检测部门需要及时更新现有的食品质检设备，组建相对健全的食品质量数据库、食品质检管理系统及食品加工企业组织质量数据采集系统，不断提高检测水平。

食品加工企业也可以采取一系列切实可行的措施，定期培训检验人员，立足基本理论、基本操作层面，及时纠正检验人员的不规范的操作，指导其掌握正确的检验方法，为食品安全提供充足的保障。

（三）健全食品安全质量监督管理体系

当前，随着社会经济的发展和国民生活水平的提升，人们对食品质量安全的要求也有所提高。基于此，食品质量安全检测部门应从根本上对食品安全质检工作进行全面治理，大力推进农业生产安全化、绿色化、规范化、无公害化和标准化，确保中国农产品的质量安全。同时，各级政府部门应健全食品安全质量监督管理体系，定期抽查、检测食品安全，科学调整中国农业结构，进一步提升农产品质量，增强农产品的市场竞争力。

第二章　食品原料的加工保藏

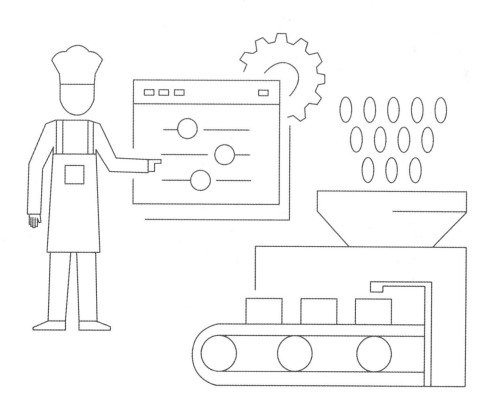

第一节　果蔬的加工保藏

近几年，为了满足国内外对果蔬产品的需求，中国的果蔬保鲜加工技术在传统技术的基础上取得了突飞猛进的发展，新的保鲜加工技术和保鲜加工设备不断出现。但是，果蔬具有容易腐烂的特性，其在被采摘以后仍保持着旺盛的新陈代谢活动，会导致水分流失，进而出现霉变现象。因此，果蔬对于保鲜加工技术的要求较高。

另外，果蔬生产还具有季节性，如果在旺季生产的果蔬没有得到及时销售，就会腐烂变质。现阶段中国的果蔬采摘由于受到储藏、保鲜、加工、贮运设施不足等原因，水果和蔬菜在采摘后仍有一定的腐烂损耗率。尽可能减少果蔬腐烂的数量，缓解果蔬供应商和销售商之间的矛盾，在此基础上对果蔬产品进行二次加工，增加其附加价值，是果蔬保鲜和加工技术的主要发展趋势。

一、果蔬加工制品分类

中国是农业大国，果蔬种植面积和产量大，果蔬加工具有广阔的发展前景。经国家统计局网站查阅可知，2020 年中国水果产量为 2.869 236 亿 t，蔬菜产量为 7.491 29 亿万 t。新鲜果蔬采收后经除杂、清洗、去皮、护色、切分和干燥等处理，用物理、化学和生物等手段加工成型，进行二次销售。果蔬加工制品按照形态可分为叶菜类果蔬制品、果实类果蔬制品和根茎类果蔬制品，根据最终食用状态可分为即食类果蔬制品和即用类果蔬制品。

二、新鲜果蔬加工保藏技术

（一）预冷

新鲜果蔬采收后仍具有生理活性，可以进行呼吸等生命活动，释放呼吸热和田间热，使果蔬温度升高，加速衰老，影响果蔬品质。为保证品质，在产地采收后的果蔬必须立即进行预冷处理。预冷可以有效增加果蔬内部的水分含量，提高产品品质和耐储性，减少冷链运输和储藏等过程的冷却成本。在整个冷藏链中，不经预冷处理的蔬菜在流通中损失为 25%～30%，而预冷的蔬菜的损失率仅为 5%～10%。目前常用的预冷技术有冰水预冷、空气预冷、差压预冷和真空预冷等。

（1）冰水预冷。冰水预冷是以碎冰和水为制冷介质，用浸泡、喷淋等方式将果蔬与冰水直接接触，或者将冰水混合物注入果蔬箱中，利用冰融化吸热达到快速降温的目的。在实际操作中，人们还可以在冰水中加入消毒杀菌剂或保鲜剂，延长果蔬的保鲜期。这种方法非常适合体积与表面积比值大、表面无孔的果蔬，如苹果、桃等。水的热传导率远大于空气，与空气预冷相比，冰水预冷的冷却速度更大，效率更高，25 ℃的果蔬冷却至 4 ℃左右仅需 20 min。冰水预冷设备结构简单，操作性强，购买和维护成本低，适用范围大。冰水预冷可以使果蔬水分增加，防止萎蔫，但在叶菜预冷时要避免腐烂等不良现象的发生。鉴于冰水循环利用过程中容易导致有害微生物的富集，人们需要在操作过程中进行杀菌消毒处理。此外，冰水预冷设备占地面积大、需要建设配套的储存库等因素也限制了其应用前景。

（2）空气预冷。空气预冷包括自然冷却预冷和风预冷。自然冷却预冷主要依靠窖洞和通风库等阴凉通风的地方，利用环境低温达到自然冷却，在北方比较常见。风预冷需要建设预冷室并配套制冷机、鼓风机等设备。人们将采后果蔬置于预冷室内，通过制冷机和鼓风机制备并输送冷空气，使冷空气迅速包裹在果蔬周围，可有效带走热量，降低温度，达到快速预冷的目的，大大节约了储存成本。

（3）差压预冷。差压预冷也称强制通风预冷，主要在包装箱两侧形成压力差，强迫冷空气从一侧流向另外一侧，与果蔬表面充分接触，利用空气流动带走热量，降低温度，压力差越大，流速越快，降温速率也越快。大多数果蔬产品可使用差压预冷，设备简单，包装材料要求低，但降温速度慢，环境湿度要求高，空气相对湿度必须维持在90%以上，容易造成果蔬脱水，对包装箱摆放形式要求高。

（4）真空预冷。真空预冷主要利用抽真空的方法，使采后果蔬内部水分均匀蒸发，消耗热量，降低温度，达到降温的目的。这种方法适合体积与表面积比值小的水果。冷却时间为25 min左右，具有降温时间短、水分降低使储存时间延长、营养成分损失小和包装要求低等优势。但是，果蔬在抽真空的过程中会开放表面气孔，导致新鲜度和品质降低，因此其对真空预冷设施要求严格。

（二）去皮

去皮是果蔬产品工业化加工的重要工序之一，常用的方法主要有机械去皮、化学去皮和蒸汽去皮三种。

（1）机械去皮。机械去皮是果蔬工业化生产中的常用技术，常用于形状规则且体积较大的果蔬，去皮设备主要有刀片式去皮机和摩擦式去皮机。刀片式去皮机是在特定的机械刀架下通过旋转去除果蔬表皮，从原料首端旋切至尾端，主要适于单个体积大的物料去皮，但生产效率低，损失率大，应用范围小。摩擦式去皮机主要利用转筒表面的金刚砂等材料，在摩擦力的作用下擦去果蔬表皮，主要包括立桶式摩擦去皮机和卧辊式摩擦去皮机，适用于马铃薯、甘薯等根茎类产品。立桶式摩擦去皮机主要通过底部旋转带动原料在圆筒内翻滚，并与内壁上的磨料摩擦去除果蔬表皮，具备处理量大、加工效率高等优势。卧辊式摩擦去皮机包括螺杆输送元件和U形摩擦槽等，主要利用螺杆旋转和推送促使物料与坚硬磨料摩擦，达到去皮的目的。机械去皮设备具有操作简单、加工成本低、处理量大等优势，但对产品表面损伤大，褐变程度增加，缺乏对局部芽眼或凹陷部分的处理，不宜用于鲜切果蔬的加工处理。

（2）化学去皮。化学去皮常用的试剂为氢氧化钠和表面活性剂等，经浸泡、水洗完成化学去皮。氢氧化钠溶液加热后可以去除果蔬表面的蜡质层和角质层，使果蔬的皮肉分离，且不受原料形状和尺寸等因素影响，处理量大，成本低。然而，强碱溶液会破坏果肉组织，冲洗时会造成水资源浪费和环境污染，仅在罐头中少量水果去皮时使用。

（3）蒸汽去皮。蒸汽去皮需要将原料置于高温高压的密闭容器中，经过瞬间释压，使果蔬表皮爆裂，经过简单清洗即可达到去皮的目的。该方法对原料形状要求低，损失小，处理量大，常用于处理量较大、生产率高的薯类产品的加工流程之中。

（三）保鲜

保鲜对提升新鲜果蔬品质、降低损耗率有重要意义。目前，针对采后果蔬的保鲜方法主要分为物理保鲜、化学保鲜和生物保鲜三种。

（1）物理保鲜。物理保鲜包括微生物控制和环境控制两种方式。微生物控制主要通过热处理、冷激、脉冲光、超高压、减压辐照、超声波和臭氧等物理手段进行杀菌，保证产品安全。环境控制包括温度、湿度、光照和包装材料等物理控制手段，减弱果蔬呼吸作用，抑制微生物生长，防止产品品质劣变。近年来，人们比较常用的物理保鲜技术有临界低温高湿保鲜技术、结构化水保鲜技术、气调及气调包装保鲜技术、真空预冷及减压保鲜技术、臭氧保鲜技术、超声波处理保鲜技术、辐照保鲜技术和纳米保鲜技术等。物理保鲜成本低，时间短，操作简单，便于控制，在处理过程中不产生化学试剂残留，优势突出。

（2）化学保鲜。化学保鲜在国内应用最广泛。其主要通过添加化学试剂实现杀菌、防腐等功效，延长保质期。化学保鲜具有设施建设和设备购置成本低、节约能源、操作简单及对环境要求低等优势。化学保鲜剂主要包括化学涂膜剂、植物激素、生长调节剂、食品添加剂和天然提取物等。虽然化学保鲜剂效果显著，但仍存在化学试剂残留、环境污染大和监管困难等缺点。

（3）生物保鲜。生物保鲜主要包括拮抗菌保鲜、天然提取物质及仿生保鲜剂保鲜和基因工程保鲜三种。拮抗菌保鲜直接利用微生物菌体和抗菌肽、菌体次生代谢产物对果蔬进行保鲜；天然提取物质及仿生保鲜剂保鲜主要利用中草药植物浸提液、天然植物精油和动物提取物等对果蔬进行防腐保鲜；基因工程保鲜主要利用采前和采后的诱导抗性、采前利用转基因技术抑制采后乙烯的合成、利用转基因技术控制果蔬细胞壁降解酶的活性等技术对果蔬进行保鲜。此外，酶法保鲜也是一种应用较多的生物保鲜技术手段，其主要利用酶的催化作用抑制微生物生长和生物呼吸等生命活动，可有效保持食品原有的品质，具有专一性、高效性和温和性等优势。

（四）干燥

果蔬干燥方式主要有自然风干燥、热风干燥、微波干燥、变温压差膨化干燥、太阳能干燥、热泵干燥、红外干燥和真空干燥等。

（1）自然风干燥主要利用太阳能和环境中湿度差对果蔬进行干燥处理，操作简单，成本低，受环境因素影响大，容易引入其他污染物。

（2）热风干燥主要利用热风对果蔬升温，加速内部水分蒸发，从而干燥产品。热风干燥的设备成熟，操控简单，应用广泛，成本低且不受地区气候条件影响，卫生条件较好，但存在能耗高、效率低等缺陷，产品色泽等品质较差。

（3）微波干燥的原理是原料中水分吸收微波能量后温度增加，加速水分蒸发，干燥速率高，同时具有杀菌和保鲜功能，但存在加热不均匀的问题。

（4）变温压差膨化干燥是根据相变和气体的热压效应，将原料置于罐中加热加压，瞬间释放压力后水分迅速散失，产品发生膨胀。此种干燥方法简单易操作，能使产品保持良好的外观。

（5）太阳能干燥主要通过太阳能空气集热器将太阳辐射转化为热能，达到干燥的目的。此种干燥方法具有节能环保、操作简单、成本低等特点。

（6）热泵干燥主要利用压缩机中的高压的液态工质被压缩成高温、

高压的气体后进入冷凝器放热，把干燥介质加热，并且不断循环加热，从而干燥物料。此种干燥方法的干燥时间短、能耗低于热风干燥，适合苹果干等产品的制备。

（7）红外干燥主要利用红外线照射原料，经能量转化使原料内部温度增加，实现产品干燥。此种干燥方法高效节能，可控性好。

（8）真空冷冻干燥主要利用真空将原料中固体水分直接升华到气态，实现干燥，具有营养损失少、感官品质好的优点，但对设施和设备要求高，适合高附加值产品的制备。在实际生产中，人们多采用多种干燥技术联合的方式进行干燥，以达到优劣互补、提升产品品质、增加干燥效率、节约成本的目的。

第二节　肉的加工保藏

一、肉制品的概念

肉制品是指以畜禽肉为主要原料，通过切碎、混合、蒸煮、油炸、发酵和风干等不同工艺，经调味制成的肉制品或半成品。按照不同的加工方式，肉制品可分为熏烧烤肉制品、腌腊肉制品、熏煮香肠火腿制品、酱卤肉制品和发酵肉制品等，包括酱卤肉、烧烤肉、腌腊肉、香肠、火腿、肉脯、肉丸、调理肉串、培根、肉干、肉饼等产品。

肉制品中含有丰富的营养成分，能为人体提供蛋白质、维生素和矿物质。例如，最为常见的猪肉制品中含有人体日常生活必需的各种氨基酸，营养价值高，包含蛋白质、脂肪、糖类、钙、磷、铁、核黄素以及烟酸等营养物质。

二、肉制品的保藏

（一）低温保藏法

肉制品的保藏方法较多，以低温贮藏法比较普遍，即肉的冷藏，主要在冷库或冰箱中进行，是肉和肉制品贮藏中最为实用的一种方法。根据冷藏方式的不同，肉可分为冷却肉和冷冻肉。

1. 冷却肉

冷却肉是主要用于短时间存放的肉品，即肉在放入冷库前，先将库温降到 -4 ℃左右，肉入库后，保持 -1 ～ 0 ℃，将猪肉冷却 24 h，使肉中心温度降到 0 ～ 1 ℃。冷却肉的表面可形成一层干膜，阻止细菌生长，减缓水分蒸发，从而延长保存时间，一般可保存 5 ～ 7 d。

2. 冷冻肉

冷冻肉比冷却肉更耐贮藏，一般采用 -23 ℃以下的温度，将肉品进行快速、深度冷冻，使肉中大部分水冻结成冰，并在 -18 ℃左右贮藏。目前多数冷库采用速冻法，即将肉放入 -40 ℃的速冻间，使肉温迅速降到 -18 ℃以下，然后移入冷藏库。该方法对肉制品的品质影响相对较小，解冻后能恢复原有的滋味和营养价值。

（二）辐照保藏法

辐照保藏法是人类利用核技术开发出来的一项新型的食品保藏技术，目前，已逐渐应用于食品保藏中。食品经过 γ 射线或电子加速器产生的电子束（最大能量 10 MeV）或 X 射线（最大能量 5 MeV）的辐照，能抑制发芽、推迟成熟、促进物质转化、杀虫灭菌和防止霉变等，以达到保鲜和提高产品质量的目的。食品辐照具有节能、效率高、不升温、安全可靠和保持食品良好感官品质等优点。

（三）发酵保藏技术

发酵保藏技术即在自然条件或人工控制条件下，利用微生物或酶的发酵作用，使肉制品发生一系列生化或物理变化，生成特殊风味、质地和色泽，以延长肉制品的保存期。该方法可促进发色，使肉制品呈现特有的色泽，抑制病原微生物的生长和毒素的产生，提高肉制品的安全性，延长产品的货架期。

（四）干燥保藏技术

该方法就是通过一定的方式将肉制品中的水分活度降到一定程度，使食品在一定时期内不受微生物作用而腐败，同时控制肉制品中生化及其他反应的进行，维持食品的品质和结构。

三、加工工艺对肉品质的影响

（1）加工工艺对食用品质的影响。食用品质指食品的组织状态、口感、色泽，是衡量肉类商用价值的重要标准，也是消费者食用肉制品的重要参考。加工工艺对食用品质有很大影响，这一点在以下学者的相关研究中得到了证实。曹玮以皖西白鹅为原料，研究了食用品质在超高压下的变化。王静伟 等将牛肉炖制后，进行感官分析，筛选出炖制牛肉食用品质评价指标。冷雪娇 等探讨了经不同高压腌制后，鸡胸肉含盐量、pH、含水率和色泽等指标的变化。高晓平 等以蒸煮损失、色泽、感官品质为研究指标，以鸡胸肉为研究对象，研究鸡胸肉经不同温度水煮后的食用品质变化，结果发现鸡胸肉的食用品质在不同水煮中心温度下变化显著。刘雅娜 等以烤全羊为研究对象，以烤箱、微波复热为加工方法，探讨经不同加热方法加工后的食用品质的变化，结果发现经烤箱复热风味更好。但综合不同加工方法且对猪、鸡、鸭肉三种肉食用品质的影响未有报道。

（2）加工工艺对营养品质的影响。肉的营养品质是评价肉的四大标准之一，其对人体营养平衡与健康有重要影响。经不同方法加工后，肉的营养品质会产生变化。为了找到合适的加工条件，得到高品质的食物，许多学者做了相关研究。王瑞花 等对比分析烤制、水煮、高压蒸煮、微波四种加工方法对猪肉营养品质的影响，研究发现烹制可以提高肉的营养价值。高天丽等以微波、超声波为处理方法，以横山羊肉为原料，研究羊肉脂肪酸的变化，结果显示经处理后羊肉脂肪酸营养价值显著提高。

目前，单独针对猪、鸡、鸭肉等畜禽肉营养品质的研究较多，但综合各种加工工艺对常见红、白肉的合并研究未见报道。

（3）加工工艺对安全品质的影响。随着经济的快速发展，人们对饮食的追求不仅仅停留在温饱上，而是将焦点转移到营养安全方面。肉制品虽深受消费者喜爱，但一般肉都需进行加工后才能食用，在加工中可能产生有害物质，对人体健康损害较大。因此，对于日常饮食中常见的加工后猪肉、鸡肉、鸭肉的安全问题仍有待进一步研究。张兰 等以牛肉为原料，探讨了烹饪工艺对牛肉中有害物质的影响。杨华 等采用分光光度法，以熟肉、冷却猪肉为原料，测定肉中亚硝酸盐含量，探讨熟肉中亚硝酸盐含量变化情况。汪敏总结了烟熏肉中苯并芘（BaP）的快速检测方法，提高了检测效率。

四、肉类加工安全控制

肉类食品是人类不可缺少的食品，人类通过它获得人体必需的蛋白质、碳水化合物、脂肪、维生素及无机盐等。畜禽类的肌肉、内脏属于肉类食品。肉类食品之所不可或缺主要是因为其营养价值高，容易消化吸收，且味道鲜美，具有饱腹感。因此，肉类及其制品的安全问题与广大人民群众的身体健康密切相关，一旦发生肉制品安全问题，将会造成巨大的经济损失，影响社会稳定。

（一）畜禽肉品中几种常见的化学性污染物

畜禽肉品在每一个环节都有潜在的不安全因素。综合来看，畜禽肉品主要存在以下几方面的污染：农药、兽药的污染，寄生虫、微生物等生物污染，重金属污染，化学药品及添加剂的污染，等等。这些污染物可能来源于畜禽的养殖过程中，可能来源于肉品加工、运输、储存中，可能来源于食品包装材料等。随着中国经济的高速发展和人们生活水平的不断提高，食品安全问题日趋成为人们关注的焦点。下面主要对畜禽肉中几种常见的化学性污染物进行分析。

1. 亚硝酸盐

在进行肉类产品的生产加工时，人们常用到硝酸盐和亚硝酸盐，通常以钾或钠盐的形式添加，添加量有限，无论是加入量还是残留量，都是由法律规定的。亚硝酸盐作为添加剂加入肉品中已有很长的历史了。近年来亚硝酸盐的安全问题受到质疑，主要是因为亚硝酸盐可能形成致癌的亚硝胺。

亚硝酸盐用于肉制品中能起到以下几个作用：可以抑制多种类型的腐败菌的生长，如肉毒梭状芽孢杆菌的生长；具有优良的呈色作用；良好的抗氧化作用，能延长肉品的储藏时间，延缓肉品的腐败；能够改善肉的风味。但在 pH 达到一定值时，肌红蛋白与亚硝酸盐中的亚硝基结合，生成亚硝基肌红蛋白。在加热的条件下，亚硝基肌红蛋白会生成具有致癌性质的亚硝基肌色原。另外，在一定条件下，肉品中蛋白质中的磷脂与氨基酸发生反应产生胺类，胺类与亚硝酸盐发生反应而生成亚硝胺。

2. 抗生素残留

抗生素对人体有一定的毒害作用，可能导致人体发生过敏反应，也可能导致人体对该抗生素形成耐药性。硝基呋喃类药物是常见的广谱抗菌药物，包括呋喃它酮、呋喃西林、呋喃妥因和呋喃唑酮，用于预防和治疗畜禽动物、水产动物的细菌性疾病，一度被作为添加剂添加在饲料中。这些物质的残留物可能残留在肉中对消费者构成威胁。为了保证肉品的安全，我国饲料中全面禁止添加抗生素。

3. 瘦肉精的残留

瘦肉精能抑制脂肪合成、促进糖原分解、同化蛋白质，常用于食品性动物中。常见的瘦肉精有盐酸克伦特罗、沙丁胺醇、莱特多巴胺等。瘦肉精既不属于饲料添加剂也不属于兽药，它是一种激动剂。盐酸克伦特罗就是一种强效激动剂，即羟甲叔丁肾上腺素，又称氨哮素。因其可在动物肌肉及肝脏中残留，人们一旦食用受其污染的动物组织会危害人体健康，所以中国政府已经明令禁止将其添加在饲料中。沙丁胺醇在人体内的吸收速度快，在畜禽体内的吸收速度也较快。沙丁胺醇在动物组织中的残留量以眼角膜部分最多，其次是毛发、肺、肝、肾、肌肉、尿样、血液等。食品性动物一旦使用沙丁胺醇，其肌肉、脏器等组织中极有可能残留这一物质，甚至通过食物链影响人类健康。

（二）肉制品卫生检验

1. 实行肉制品出厂检验的目的及意义

肉品加工企业对肉品进行质量检测目的是保证肉品的质量安全。肉品加工企业的实验室可以检测食品性动物的疫病情况，也可以检测肉品中的微生物以及对肉品中各种污染物的残留情况进行监测。这种检测可以控制肉品加工过程中的工序质量，以及了解肉制品的卫生状况，从而防止不合格的肉品流入市场。

从食品检测体系的宏观视角看，相对于政府监管部门的食品质量监督检验、流通环节中的食品检验及餐饮环节中的食品检验来说，出厂检验是位于食品检测体系前端的检测。出厂检验能更早地发现并解决食品的质量问题，具有事半功倍的效果。如果不能对出厂检验严格把关，就可能导致不合格的肉品流入市场，一旦肉品出厂后发现问题，即使食品生产者迅速召回肉品，也避免不了对消费者及企业的信誉造成不同程度的负面影响。

食品安全主体责任的第一责任人是生产者。生产者必须对出厂的食品进行出厂检验并确保出厂食品的合格和安全，这既是生产者必须承担的社会责任，也是生产者对消费者的健康和安全应尽的社会义务。食品生产许可制度、食品市场准入标志制度以及对食品的强制检验制度是三项食品质量安全市场准入制度。由此可见，相关部门已将强制检验作为一种单独的制度而纳入食品质量安全市场准入制度中。

2. 肉制品加工厂 GMP 体系

GMP 是一种质量管理体系，其要求食品加工厂的厂房、设备和人员等方面具备一定的条件，以及生产食品时，从原料接收、加工生产到包装储运，采取一系列有效措施，保证加工生产过程的作业条件良好，确保产品安全。

肉制品加企业 GMP 体系的构建应做好以下几方面。质量检验与监控：设立与肉品加工企业生产能力相适应的、独立的质量检验机构，建立完善质量检验、监控网络。制定质量管制标准及方法：对检测项目、验收标准、监控工序、抽样及监测方法等制定相关的标准及方法。原料的质量管制：原料必须执行标准，只有经检验合格后方可投入生产。加工质量管制：严格按照生产控制要求对加工过程进行监控，并根据 HACCP 的要求严格控制关键控制点，发现异常后要及时纠偏并做好记录。成品品质管制：每天对成品进行抽样检测，对于检验不合格的产品应分开存放并做好标志。企业肉品进厂时还会进行抗生素、瘦肉精、农药残留微生物等的检测。这就从源头企业杜绝了肉品的污染，保证了肉品安全。进厂检验没有强制性，是肉品加工企业为了降低经济损失，提高肉制品的合格率而采取的一种措施。

食品质量安全检验由发证检验、监督检验、出厂检验、委托检验四种检验组成。其中，出厂检验是企业必须履行的法定义务，属于强制检验，是为保证食品安全并达到一定的质量安全标准而进行的一种自检行为。肉品出厂检验是肉品加工企业必须履行的一项法定义务。因此，每个肉品加工企业需配齐检测出厂检验项目所需的检验仪器、相关检验标准、专业的检验人员。某些小型企业不具备出厂检测的能力，应委托具有法定资格的检测机构进行出厂检测，并与检验机构签订检验合同。委托检验是企业的一种自主行为。检验机构应准确、负责地完成企业委托的检测，确保产品的质量安全。

（三）肉制品的监管

在中国，肉品的安全主要由肉品加工企业完成，政府部门的检验主要起到监督管理的作用。根据《中华人民共和国食品安全法》《食品生产加工企业质量安全监督管理办法》等法律法规的相关规定，对于不具备出厂检验能力的肉品加工企业未委托其他检验部门进行检验的，以及具备出厂检验能力但未进行出厂检验的进行相应的处罚，情节严重的可吊销生产许可证。在确保肉品安全的相关标准体系方面，中国已在部分地方建立了肉品可追溯体系。肉品含有条形码，人们可通过该条形码查到生猪的产地、检疫及肉品的检验、加工等信息，实现了肉品的"来源可追溯，去向可追踪"，保证了食品安全的可追溯性和可控性。

（四）安全控制策略

（1）加大惩罚力度。政府监管部门应加大对不进行出厂检测的企业的惩罚力度，可加大罚款力度，也可强制企业认证，限制企业生产，以便发挥威慑作用，督促生产企业进行出厂检测，提高产品质量。

（2）建立长效的问责机制。为避免不合格的肉品流入市场，政府监管部门应对不进行检验监管的监管人员进行处罚。另外，政府监管部门还可以广泛推广网络化、信息化监管，做到实时监控；大力提高监管人员的素质和技能，以有效降低政府监管成本。

（3）明确检验人员的职责和权限。政府监管部门要对原料肉的检验和出厂检验的抽样方法、数量等做出明确的规定，奖惩分明。比如，检验人员不能随便伪造和篡改数据，必须严格按照操作流程进行检验，不谎报数据。只有明确了检验人员的职责和权限，检验工作才能落到实处。

五、生物保鲜剂的应用

（一）植物源性生物保鲜剂

在肉制品防腐过程中，植物源性生物保鲜剂较为常见，主要包括植物多酚和植物精油，具有去腥、增香、抑菌和延缓肉制品色泽变化的作用。

1. 植物多酚

植物多酚多存在于植物的皮、根、叶、果实中，主要包括一些小分子的酚类化合物，如花青素、儿茶素、没食子酸、鞣花酸、熊果苷等。

植物多酚具有天然的抗氧化、抗菌活性，既能抑制氧化酶的酶活性，又能促进抗氧化酶的酶活性。植物多酚对抑制鸡肉饼在冷藏过程中的脂肪氧化和蛋白氧化均有一定的作用，可延长禽肉制品的货架期。植物多酚的抑菌机制主要通过影响菌体生长所需的蛋白质和酶的活力，使细胞膜的通透性增加，进一步阻碍蛋白质的表达。马培忠研究发现，0.03%（如无特殊说明，百分号均指质量分数）茶多酚与气调包装相结合更有利于提升鸡肉的保鲜效果，并对鸡肉的挥发性盐基氮值（TVB-N 值）、硫代巴比妥酸值（TBA 值）和菌落总数具有很好的控制作用，可提高鸡肉在贮藏期内的鲜度。

此外，宋益娟 等用 0.1% 儿茶素、0.1% 儿茶素纳米脂质体浸泡处理酱鸭后发现，0.1% 儿茶素纳米脂质体和 0.1% 儿茶素处理组的各项指标均优于无菌蒸馏水处理组，并且 0.1% 儿茶素纳米脂质体对酱鸭的保鲜效果最好，可将酱鸭的货架期延长至 24 d 以上。然而，当植物多酚的添加剂量较高时，人们需要对其生物毒性进行深入分析，以确定其最佳添加量和安全范围。

2. 植物精油

植物精油是采用蒸馏和压榨的方式从草本植物的花、叶、根、树皮、果实、种子、树脂中提炼而来，安全无毒，除了赋予产品香气外，还具有抗氧化、抗菌、抗病毒等多种生物活性，是一种理想的天然保鲜剂。高磊 等研究发现，采用 0.164% 茶多酚、0.786% 牛至精油和 0.031% D- 异抗坏血酸钠复配处理冷鲜鸡胸肉后，其在 4 ℃条件下的货架期可由原来的 7 d 延长至 11 ～ 12 d。刘琳 等研究发现，将桂皮精油、丁香精油和芥末精油按 3∶1∶2 的比例复配后用于生鲜鸡肉的保鲜，鸡肉在 4 ℃条件下的保鲜期可延长至 21 d。但在使用植物精油时，人们还需考虑其会使禽肉变色的缺陷，同时，精油本身强烈的气味可能会对某些调理产品的风味造成影响。因此，植物精油的实际应用范围受到了一定的限制。

植物源性生物保鲜剂在诸多禽肉保鲜研究中均显示出较好的保鲜作用，且由于其在防腐和抗氧化方面具有明显优势，因而受到消费者的欢迎。但植物中的化学成分复杂，多数活性成分对光和热不稳定，抑菌浓度难以控制，因此应用于禽肉保鲜的植物精油实例较少。

（二）动物源性生物保鲜剂

动物源性生物保鲜剂包括壳聚糖、鱼精蛋白、蜂胶等。各种动物源性保鲜剂因其化学成分的不同，保鲜原理也各有差异，但基本上是通过抑菌、抗氧化和成膜性三方面发挥防腐作用的。

1. 壳聚糖

壳聚糖是由氨基葡萄糖和 N- 乙酰氨基葡萄糖通过 β–1，4- 糖苷键连接起来的长链高分子聚合物，具有良好的抑菌活性。壳聚糖的主链上具有可进行结构修饰的活性氨基和活性羟基，通过化学修饰可进一步提高壳聚糖的功能活性。王莹 等将由 1.75% 壳聚糖、2.25% 茶多酚、1.25% 维生素 C、0.30% 芦荟提取物和 0.25% 植酸制备的复配剂应用于冷鲜鸡肉的保鲜，发现鸡肉在 4 ℃条件下贮藏 12 d 后，其 TVB–N 含量为 14.64 mg/100 g。王勋 等用 0.05% 乳酸链球菌素（nisin）、1.85% 羧甲基壳聚糖和 0.08% 溶菌酶复配的生物保鲜剂处理鸡肉后，发现鸡肉在 4 ℃条件下贮藏 7 d，其 TVB–N 含量达到 10.47 mg/100 g。壳聚糖对革兰氏阳性菌的抑制效果较革兰氏阴性菌好，且其抑菌效果在 pH 大于 6.5 时不佳，在 pH 为 5.0 ～ 5.5 时具有较好的抑菌效果。Latou et al. 研究发现，采用质量浓度为 0.01 g/mL 的壳聚糖溶液结合气调保鲜技术处理冰鲜鸡肉，其货架期可延长 2 ～ 3 d。Khanjari et al. 研究发现，将体积分数为 1% 的牛至精油和质量浓度为 0.01 g/mL 的壳聚糖溶液复配后处理冰鲜鸡肉，其货架期可延长 6 d。采用壳聚糖进行保鲜的优点是操作方法简单、成本低廉、来源广泛、资源可再生，与其他方式相结合保鲜效果更好。

2. 蜂胶

蜂胶具有抗氧化和抗菌活性且安全高效，其中发挥抗氧化和抗菌活性的主要成分是芳香酸、酯类化合物和黄酮。蜂胶对于防止食品中功能性成分的氧化褐变具有较好效果。蜂胶对革兰氏阳性菌的抑菌活性较革兰氏阴性菌好，其对沙门氏菌、金黄色葡萄球菌、大肠杆菌、链球菌、枯草杆菌等具有良好的抑制效果。目前，鸡饲料中多添加蜂胶，以提高鸡肉的感官品质和蛋白含量，而将其应用于禽肉保鲜的研究鲜有报道。

3. 鱼精蛋白

鱼精蛋白是一种强碱性蛋白物质，富含精氨酸，从鱼类的精巢中分离获得。鱼精蛋白主要通过对菌体细胞中电子传递成分、与细胞膜相关的新陈代谢进行抑制而起到抑菌的作用。当鱼精蛋白作用于细胞膜表面时，能够与细胞膜中负责营养运输、生物合成的蛋白发生作用，进而破坏菌体蛋白，对细胞的新陈代谢产生抑制作用，造成细胞死亡。但鱼精蛋白的使用成本较高，限制了其进一步的应用。

目前，动物源性生物保鲜剂的商业化应用中面临的最大问题是成本较高、提取率普遍较低。壳聚糖、蜂胶等动物源性生物保鲜剂主要通过与其他保鲜剂的协同作用达到禽肉保鲜的目的。

（三）微生物源性生物保鲜剂

微生物源性生物保鲜剂指由微生物代谢产生并具有抑菌效果的化合物，目前常见的主要有曲酸、纳他霉素、nisin 等。近年来，因微生物源性生物保鲜剂具有安全、高效、抑菌效果好等特点，其相关研究逐渐成为热点，并逐渐被应用于禽肉制品保鲜。

1. 曲酸

曲酸是由微生物 [如青霉属（penicillium）、曲霉属（aspergillus）、醋杆菌属（acetobacter）等] 经过好氧发酵产生的一种常见弱酸性代谢产物，其易溶于水、pH 适用范围广、热稳定性好、对人体无刺激且食用安全。曲酸能够增强细胞膜的渗透性和疏水性，导致细胞破裂，从而达到杀灭菌体的作用。目前，曲酸主要应用于医学领域和果蔬保鲜，在禽肉制品保鲜方面的应用较少。董静 等研究发现，曲酸对细菌表现出很好的抑制效果，而对酵母和霉菌的抑制效果较细菌差；添加量为 0.2% 的曲酸对大肠杆菌有很好的抑制效果，且其抑菌活性远高于苯甲酸钠。侯温

甫 等研究发现，曲酸对鸭肉中的几种优势菌具有显著的抑制效果，尤其是对假单胞菌和气单胞菌的抑制效果最好。

2. 纳他霉素

纳他霉素是由纳他链霉菌受控发酵制得的，几乎对所有真菌都具有较强的抑制及消灭作用，被广泛应用于肉制品（特别是熟火腿、熏制香肠等）抑菌处理中。纳他霉素分子中具有亲水基团和疏水基团，其中亲水基团能够破坏菌体细胞膜的通透性，使菌体细胞内的小分子内溶物渗出，最终导致菌体细胞裂解和死亡；疏水基团则通过范德瓦耳斯力与菌体细胞膜结合，达到破坏细胞膜通透性的目的。纳他霉素主要通过浸泡或喷涂方式应用于肉制品保鲜。李春保 等研究发现，与对照组相比，经不同质量浓度纳他霉素保鲜液浸泡处理后的鸡肉，于 3 ℃条件下贮藏 8 d 后的 TBA 值远低于前者，并表现出很好的抑菌效果。Hanusoval et al. 研究发现，将乳酸链球菌素和纳他霉素复配的保鲜液用于鸡肉保鲜，表现出显著的抑菌效果。

3. nisin

nisin 是从乳酸链球菌发酵液中制备获得的一种多肽类细菌素，其易溶于酸性溶剂、不会被微生物分解且安全无毒，对产生芽孢的革兰氏阳性菌的抑菌效果较革兰氏阴性菌好。nisin 的抑菌机制是在强烈吸附敏感菌后，破坏细胞壁结构，进而引起菌体细胞质内溶物的释放。另外一种说法是，其可影响肽聚糖、磷脂等的生物合成，破坏细胞壁结构，从而使细胞裂解，内溶物释放。杨万根 等使用 nisin 和植酸对调理鸭肉进行处理后发现，两者均能有效抑制鸭肉制品中的微生物生长，使 TVB-N 值、TBA 值下降，且 nisin 的保鲜效果优于植酸。能够引起禽肉制品腐败的细菌（乳酸杆菌属、链球菌属、假单胞菌属、杆菌属等）很多，且多为耐热菌属，在肉制品的加工过程中，普通的加热方式很难将其杀死。而 nisin 能有效抑制上述腐败菌，还可以代替部分亚硝酸盐用于抑制肉毒芽孢杆菌，从而延长肉制品的货架期。目前，将 nisin 应用于禽肉制品的防腐保鲜仍存在一些不足，如生产成本较高、抑菌谱较窄、会造成肉质偏酸等，这使其在禽肉制品中的应用受到一定限制。因此，在禽肉保鲜中，人们常将 nisin 与其他保鲜剂复配使用，在增强抑菌效果的同时，保持禽肉制品良好的口感和色泽。

（四）酶类生物保鲜剂

酶类生物保鲜剂利用酶对蛋白质和氨基酸的催化能力避免或清除外界的不良影响，维持产品的鲜度。酶类生物保鲜剂成本低、保鲜效果好，因而受到人们的喜爱，其中以溶菌酶为主要代表，但酶类本身的不稳定性还需进一步研究解决。溶菌酶是一种碱性球蛋白，具有较强的作用底物特异性，对食品中的各种致病性微生物（尤其对沙门氏菌等）具有显著的抑制作用，同时对哺乳动物细胞的毒性较小。李云龙 等研究发现，通过构建原核表达载体 LYZ-pET32T 获得具有抑菌活性的奶牛溶菌酶蛋白，经纯化的奶牛溶菌酶对大肠杆菌 BL21、金黄色葡萄球菌、沙门氏菌均具有较好的抑制作用。李春保 等研究发现，使用不同质量分数的溶菌酶浸泡处理鸡肉 15 s 后，自然沥水 5 min，再置于经紫外灯灭菌的 PS 托盘中，用 PE 塑料保鲜膜封口，在（4±0.5）℃的温度下冷藏保存，可显著抑制细菌的生长，并将货架期延长至 6 ~ 8 d，其中 0.5 g/kg 处理组的细菌总数明显低于其他处理组，抑菌效果更佳。尹秀莲 等将溶菌酶、壳聚糖和生姜汁作为冷鲜鸡肉的保鲜剂，发现溶菌酶对鸡肉的保鲜效果最好，其次是壳聚糖、生姜汁。虽然溶菌酶专一性好，可针对特定微生物发挥抑菌作用，且已在乳制品、肉制品、水产品中被广泛使用，但禽肉制品需低温贮藏，而低温会限制溶菌酶的效果，因此其在禽肉保鲜中的应用受到了限制。由于溶菌酶自身存在抗菌谱窄、提取困难、生产成本高等缺陷，扩大酶类生物保鲜剂的抗菌谱、简化提取工艺、降低生产成本等是其应用于禽肉生产领域的主要研究方向。

（五）复合生物保鲜剂

单独使用某一种生物保鲜剂时，常会因其自身的某种理化特性而受到限制，无法达到预期的保鲜效果。复合生物保鲜剂由多种生物保鲜剂混合配制而成，往往具有比单一成分更好的保鲜效果。章薇 等研究发现，将 0.025% 壳聚糖、0.05% 茶多酚、2.0% 香辛料提取物、0.02% 维生素 C 等组成的复合生物保鲜剂采用浸渍方式涂膜于冷却鸡肉后，在 4 ℃条件下的货架期由 7 d 延长至 21 d。Khanjari et al. 研究发现，将接种有单增李斯特菌的鸡肉浸泡于质量浓度为 0.01 g/mL 的 N，O- 羧甲基壳聚糖与 1% 牛至精油组成的复合保鲜剂 30 s 后，生鲜鸡肉于 4 ℃条件下的货架期较空白对照组延长了 5 d。张立彦 等研究发现，将鸡肉经质量浓度为 8 mg/ L 的臭氧水浸泡清洗 20 min 后，再用 1.5% 壳聚糖、0.3% 茶多酚和 0.5% 维生素 C 复配的复合保鲜剂进行浸涂，于 4 ℃条件下的货架期可延长至 28 d。董文丽 等研究发现，5% 壳聚糖、1% 茶多酚和 3% 溶菌酶复配的复合保鲜剂可延长冷鲜牛肉的货架期，且冷鲜牛肉的 TVB-N 含量达极小值 59.2 mg/kg。复合生物保鲜技术可将不同功能的生物保鲜剂联合使用，能够弥补单一生物保鲜剂在感官及抑菌效果方面的不足。但由于复合生物保鲜剂存在成本高、在冷藏条件下保鲜效果受阻等问题，目前其在禽肉保鲜中的应用较少。此外，目前人们对复合生物保鲜剂的抑菌机理方面的研究还很缺乏，后续工作应该在抗菌机理的协同效应方面进行更为系统深入的研究。

（六）协同保鲜

（1）生物保鲜剂结合冷藏保鲜。多数生物保鲜剂可与冷藏保鲜形成协同保鲜的效果。王莹 等研究发现，将鸡肉在 1.75% 壳聚糖、2.25% 茶多酚、1.25% 维生素 C、0.30% 芦荟提取物和 0.25% 植酸配制的复合天然保鲜剂中浸渍 1 min 后冷藏，其货架期可延长至 12 d。周志扬 等研究发现，用 18% 氯化钠、24% 蔗糖、0.3% 甘草抗氧化剂、0.18% 迷迭香提取物配制的复合保鲜剂处理鸡肉后，其货架期能额外延长 4 d。刘丽莉等研究发现，与对照组相比，将鸡肉用羧甲基纤维素（0.81 g/100 mL）、茶多酚（0.57 g/100 mL）、抗坏血酸（0.03 g/100 mL）、山梨糖醇（1.79 g/100 mL）和生姜汁（25.07%）复配的复合生物保鲜剂处理后冷藏，其剪切力和菌落总数均显著降低（$P<0.05$），且鸡肉纤维排列整齐。生物

保鲜剂结合冷藏保藏技术的协同保鲜方式，操作简便，安全性高，具有良好的应用推广价值。但在实际使用时，人们需要进一步考虑并筛选出对冷藏环境中禽肉制品品质影响最低的生物保鲜剂，尽量避免保鲜剂的气味和滋味对禽肉制品品质的不良影响。此外，人们还需要筛选具有在低温环境中发挥保鲜效果的生物保鲜剂。

（2）生物保鲜剂结合气调包装。气调包装一般被用作禽肉产品的保鲜。国内外有很多生物保鲜剂结合气调包装的研究。陈雪 等将牛至精油、茶树精油等生物保鲜剂分别与气调包装（$30\%CO_2/70\%N_2$）相结合，发现精油处理可以抑制多种优势微生物，实现延长气调包装烤鸭货架期的目的，且比单一气调包装效果更好。陈文文 等研究发现，0.15% 牛至精油结合 $30\%CO_2$ 气调包装条件下，烤鸭的保鲜效果优于生物保鲜剂和气调包装单独作用的效果。气调包装与其他技术相结合能有效延长食品的保鲜效果，但气调包装与其他技术的结合应用还面临一些难题，如包装材料的选择。一个好的薄膜可使气体维持更长时间的贮存，从而为产品提供更持久的保鲜效果。臭氧与气调包装的结合应用在刚开始时具有非常好的保鲜效果，但随着臭氧浓度的降低，后期保鲜效果持续降低；包装所需的气调设备、包装材料、食品级气体等还不太成熟，需要机械、材料、化学、自动化等多学科的协同研究才能实现食品保鲜技术的产业化。

第三节　水产的加工保藏

一、水产食品深加工技术的发展

（一）水产品精深加工开发的着手点

一是加快低值水产品、小杂鱼的综合开发利用。过去废弃或被用作动物饲料的低值水产品、小杂鱼等可加工成精制食用鲜鱼浆，然后用鲜鱼浆加工出风味独特的鱼卷、鱼米、鱼丸、鱼饼、鱼香肠、鱼糕及鱼点心等方便食品。这不仅可方便人们居家、旅游食用或馈赠亲友，还可大大提高低值水产品的利用率和附加值。

二是开发受欢迎的合成水产品。此类水产品通常指以鱼浆、海藻等大宗水产品为原料，配以适当调味料，生产的色香味俱佳的仿生食品，如人造鱼翅、人造蟹肉、人造贝肉、人造海蜇、人造虾仁等产品。

三是开发水产保健食品。这里指将水产品加工下脚料或鱼的内脏经过特殊加工处理，再配以适当辅料研制成的适合老人和儿童食用的各种保健食品，如鱼鳞食品、鱼眼食品、鱼油食品等。

四是提高水产加工产品档次，如提高鱼松、虾松、蟹松、乌鱼蛋、鱼子酱和鱼柳、鱼丝等产品的档次和品位，以供人们选择。

五是开发受欢迎的新型水产饮料食品和调味品，如用海藻（海带、裙带菜、紫菜等）加工成有清燥解热作用的海藻晶、海带晶等。

水产食品的开发研究正朝着多样化和个性化方向发展，重点发展的食品是方便食品、速冻食品、微波食品、保鲜食品、儿童食品、老年食品、休闲食品、健康饮料和调味品，以便满足 21 世纪人们消费层次多样化和个性化发展的要求。

（二）水产保鲜食品深加工技术的发展方向

一是调理技术的应用。例如，低值水产品可加工成精制食用鲜鱼浆，然后用鲜鱼浆加工出风味独特的鱼卷、鱼丸、鱼香肠等方便食品。

二是冻干技术的应用。传统的名贵海产品加工制品，如干贝、海参、鱼翅等，都是采用干制方法加工而成，但营养成分损失较大，产品表面易变色。冻干产品加工成本仅为罐头制品和冷冻制品的两倍多，经济效益十分可观。目前，将真空冻干技术应用于水产品的深加工势在必行。

三是生物技术的应用。传统水产品加工大多是在产区集中"三去"（去内脏、去鳃、去鳞等下脚料），然后分割处理。由于加工条件所限，这样的做法必然产生大量下脚料。目前，这些废弃物的利用仅限于加工成鱼粉等低值制品，未能充分利用蛋白质资源。随着现代生物工程技术的高速发展，酶工程技术在食品工业中的应用越来越广泛。因此，研究酶工程技术在水产品下脚料中的有效利用，结合脱腥脱臭等技术，开发必需氨基酸含量高且价格低廉的水产功能饮料，就显得非常有意义。

二、超高压技术的应用

超高压技术最早是被用于牛奶的杀菌与延长货架期，但受到设备制造等方面的限制，直到 20 世纪 90 年代，这一技术才得以迅猛发展。超高压处理的理论基础主要是 Pascal 原理和 Le Chatelier 原理。在超高压处理食品时，分子构象改变和化学反应平衡等会向着体积减小的方向发展，食品物料则会统一处理，无压力梯度且速度快。超高压技术相较于传统热加工优势可谓明显，如最少添加、时间短、均匀等，通常只会较少地影响生物的维生素、挥发性物质和共价键，仅会破坏维持生物大分子高级结构的非共价键，并且其处理效果和物料大小、形状没有关系，是如今非热加工技术中产业化程度最高的。当前，超高压技术"最小化加工"优势明显，此项技术和设备在食品方面快速发展，在水产品加工中的应用范围也进一步扩大。

（一）在鱼类加工中的应用

灭虫、灭菌、灭酶与改良鱼糜制品质构是鱼类加工中应用超高压技术的主要表现，此技术在鱼鳞提胶、鱼皮提胶上也发挥着辅助作用。相关研究显示，将鲜鲤鱼肉的鱼浆作为原料，以压力 100 ~ 500 MPa、温度 0 ℃、时间 10 min 进行处理，完成处理后保存于 5 ℃的冷库中。结果显示，鱼浆经超过 200 MPa 高压处理后，外观呈现白浊化，丧失了 ATPase 活性，鱼浆的 K 值与加压处理前没有差异；而鱼浆经过超过 350 MPa 的高压处理后，在冷藏中 K 值上升能见到变慢，且鱼浆中的细菌繁殖显著减缓，数量也明显减少。这说明鱼糜借助超高压进行灭菌是有效、可行的。超高压灭菌就是通过对菌体蛋白中的非共价键进行破坏，如离子键、二硫键、氢键等，破坏了蛋白质的高级结构，进而使酶失去活性、蛋白质凝固。超高压还能使菌体内的化学组出现外流等多种细胞损伤，造成菌体细胞膜破裂，还能对 DNA 等遗传物质的复制形成影响，从而杀死微生物。Chung et al. 使用高压进行太平洋慧鱼鱼糜的制作，发现相较于传统加热定型的鱼糜凝胶，其张力值、强度与透明度都有所提升。用乙烯袋包裹慧鱼糜，以水为介质经压力 400 MPa、时间 10 min 之后，所制成的鱼糕弹性可提升 50%，破断强度可达到 1 200 g，咀嚼感强。

（二）在贝类加工中的应用

以牡蛎为例，在高压之下，牡蛎能完成自然脱壳，而压力的强度决定着脱壳的程度：在压强 241 MPa、时间 2 min 时，牡蛎能达到 88% 的脱壳率；在 310 MPa 压强下进行瞬时处理，则能达到 100% 的脱壳率，但会影响牡蛎的颜色与其他外观特性。为了避免过高压力造成的影响，应选用合理的压力，并以温度协助，达到完全脱壳的效果。比如，在压力 80 MPa、时间 5 min、温度 40 ℃下进行处理，也能获得 100% 的脱壳率，且较少影响牡蛎的外观。牡蛎在压力 500 MPa、时间 30 s 的高压处理下，不能有效降低副溶血弧菌含量，而在压力 205 ～ 345 MPa、时间 2 min 的处理下，既有助于 S 形霍乱菌的消除，又有助于牡蛎肉保持原有的质构与风味。没有经过高压处理的牡蛎能保存约 13 d，但经过高压处理的在 2 ℃下，则能保藏约 40 d。此外，王瑞等将生鲜毛蚶作为原料，对不同时间、温度、压力下，生鲜毛蚶中微生物的存活率进行研究，最终确定生鲜毛蚶超高压杀菌的工艺条件，即在压力 300 ～ 500 MPa、时间 5 ～ 15 min、温度 20 ～ 40 ℃范围内，能够有效杀灭生鲜毛蚶中的多种微生物。其最佳工艺是压力 500 MPa、时间 5 min、温度 40 ℃。

（三）在海参保藏中的应用

海参体内含有多种生理活性物质，低脂肪、高蛋白，营养价值很高，是十分常见的一种水产品。以往人们采用传统方法加工海参，只能够将其加工成干海参或盐渍海参，如此在一定程度上破坏了海参原有的营养价值，严重流失了海参的活性成分。而应用超高压技术进行海参的保藏，能够减少微生物数量，延长保质期。在邓记松的实验研究中，在 250 MPa 压力下的海参实验样品，其微生物菌落总数在 5 d 内得到了较为良好的抑制，而在压强达到 300 MPa 时，减缓微生物增殖的效果更为显著。在有关海参自溶酶的实验中，当压强低于 250 MPa，且时间 < 15 min 时，自溶酶不减少反而增加，而当将压力提高至 250 MPa，时间控制在 15 min 时，海参的自溶酶活性有效降低。再从温度上进行分析，在压力 400 MPa、时间 20 min 下的海参自溶酶，伴随温度的升高，呈现增长趋势，在温度达到 40 ℃时，其活性到达峰值，之后慢慢开始下降。从酶的活性变化来讲，在 60 ℃或 24 ℃时，抑制酶的效果良好。结合温度、时间、压力几方面综合情况看，在压力 450 ～ 500 MPa、时间 20 min、温度 4 ℃的情况下，跟踪监测海参的自溶酶活性，20 d 之内酶活性处于最低状态，变化最小，这说明通过上述条件在海参处理中应用超高压技术，能够在海参营养含量不受影响的情况下，使海参的保鲜期最多延长 20 d。

（四）在水产品冷冻及解冻中的应用

（1）超高压应用于水产品快速冷冻。冷冻是水产品保存中最常见的手段，冷冻水产品的品质则受到冰晶大小和形成位置的直接影响。在传统冷冻中，冷空气传导速率较慢，冰晶形成从表面向中心逐渐移动，冰晶大且不均匀，导致细胞破裂，进而给产品的风味和品质造成不利影响。而由于超高压可创造超冷冻的特点，在近年来成为实现水产品快速高品质冷冻的潜在工具。压力转移冻结（PSF）是当前研究中比较多的模式，在这一过程中，水产品在 200 MPa 下进行冷却，当达到略高于该压力条件下的水冰点温度（通常为 –18 ℃）时，瞬间释放压力，这时水产品的相转变温度快速提升，进而迅速加大了相转变温度和水产品温度的直接温度差，即时生产大量细小且均匀的冰晶，实现了真正速冻，减少了因细胞组织破坏而出现的品质变差。

（2）超高压应用于水产品快速解冻。压力辅助解冻（PAT）可理解为 PSF 的逆过程，它通过提高冷冻品相转变温度和热源间的温度差，使热源传递增加，进而达到快速解冻的目的。王国栋对空气、水解冻及超高压对 −20 ℃虾的解冻效果进行了对比研究，得出相较于传统的水解冻与空气解冻，在压力 100 MPa、150 MPa、200 MPa 的条件下，PAT 解冻时间缩短了 34.3%、42.9%、51.4%，解冻时间缩短效果明显。而在 Schubring et al. 的研究中，黑线鳕、鲑鱼、鳕鱼等在压力 200 MPa、温度 13 ℃的条件下，与 15 ℃水解冻时间相比较，缩短了约 50%，且硬度增加，降低了汁液流失率。

三、流化冰制备技术的应用

随着流化冰技术的广泛应用，流化冰的制备技术也越来越成熟。目前，常见的流化冰制备技术有刮削式制冰技术、过冷法、真空法、海水制取法等。不同类型的设备生产得到的流化冰冰水比例有差别，且冰粒大小也不同，会对流化冰的效果产生影响。因此，在具体应用时，人们应该根据需要选用合适的流化冰系统以达到最佳保鲜效果。

（一）刮削式制冰技术

刮削式制冰技术是目前使用最多的流化冰制备技术，其原理主要为水（溶液）在换热器内部通过换热壁面被冷却到低于冰点的过冷状态，然后利用刮刀将靠近壁面的过冷水及时刮离壁面，从而确保了换热器壁面上不会生成冰晶。从壁面附近被刮出的过冷水随即进入水（溶液）侧的中心主流区，并在主流区中解除过冷，生成冰浆。Stamatiou et al. 指出刮削式和行星转杆式制冰装置系统复杂，旋转件易磨损且能效低。Pascual et al. 研究了刮削式制冰机的旋转叶片的形状对冰层刮取效果的影响，通过观察发现流线型刮刀工作期间不会积聚颗粒，而在垂直定向刮刀其前部的颗粒堆积情况严重。随着科技的发展，刮削式制冰机制冰、储冰和输冰这三个核心技术已经基本成熟。

（二）过冷法

过冷法制冰技术是依据水的过冷结晶原理，水被冷却后温度降至凝固点以下不结冰，控制水的温度和流态使其在特定的过冷解除装置中消除过冷状态，冰晶即可连续不断地生成。Inada et al. 探究了超声波对过冷水形成冰的影响，结果表明超声波对过冷水形成冰具有促进作用，并能较好地控制过冷水的相变温度。何国庚 等建立了一套过冷水法冰浆制取的实验装置，发现过冷水的不稳定、过冷却器管内壁面的状态、水的成分、流动状态、冷却速率等因素会使过冷水管内冻结，而采用电加热方式可以有效地处理过冷却。陈泽全设计并搭建了溶液搅拌过冷制冰实验装置，并研究了容器材料、添加剂等对冰晶的影响，发现聚四氟乙烯杯的过冷度最低；1.5% ～ 2% 浓度的氯化钠和 1% ～ 1.5% 浓度的氯化铵能使过冷度达到最大；添加 1% 氧化锌或氧化镁纳米颗粒，成核效果最好。

（三）真空法

真空法制备流化冰是利用水的三相共存原理，控制制冰系统处于真空状态，水在低压状态下闪蒸而产生制冷效应，而水的潜热远小于蒸发潜热，导致水的一小部分闪蒸吸热而使另外大部分凝固成冰晶，进而形成流化冰。目前，已有学者开展了关于真空制冰的相关研究。Asaoka et al. 利用乙醇溶液制备了流化冰，并测得了在 20 ℃时乙醇溶液冻结温度汽液相平衡的数据，同时发现系统的性能系数可能比其他流化冰制备系统高。金从卓 等在扩散控制蒸发模型的基础上建立了真空喷雾法制取冰浆的模型，发现液滴的直径能影响液滴温度，降低环境压力能让液滴更快生成冰晶，而采用上喷方式可以大大减小闪蒸器的尺寸。孙冰洁在已有的真空喷雾法制备冰浆的实验设备基础上，设计出能够实现连续制取冰浆的真空制冰浆系统，这对于真空法的研究具有重要的理论价值和指导意义。

四、影响流化冰性质及运输效率的因素

流化冰的制备过程有许多影响因素，如成核剂的大小、冰粒的密度、溶液初始浓度等。这些影响因素使得制备的流化冰性质不稳定，也会在远距离运输中造成堵塞等问题。

（一）加入成核剂的影响

研究表明，加入合适的成核剂能改变流化冰冰粒的密度，减少制备过程中的能量损耗。Friess et al. 研究了流化冰中影响冰粒密度变化的因素，发现外来粒子的加入可以改变冰粒的密度，具有比冰更高密度的附加颗粒在冰产生过程中充当成核剂，达到一定的点时冰粒能沉到流化冰底部。张柔佳等将 154 ～ 355 μm、38.5 ～ 74 μm 两种粒径范围的生玉米粉作为成核剂，研究其对海水流化冰制取过程过冷度的影响，结果表明，使用质量分数为 0.25% 的 154 ～ 355 μm 粒径成核剂或质量分数为 0.10% 的 38.5 ～ 74 μm 粒径成核剂，海水溶液过冷均消除。可见，流化冰制备过程中成核剂的添加大大提高了流化冰的制备效率，减少了能量的消耗，且添加食品级成核剂制得的流化冰对水产品保鲜效果影响较小。

（二）影响流化冰运输效率的因素

流化冰的性质与传输速度等紧密相关，因此寻找合适的流化冰冰粒浓度等特性的参数尤为重要。Asaoka et al. 对流化冰的浆体均匀性进行了研究，结果表明，在开始时流化冰均匀性受压降波动较小，随时间变长而变大；冰浆中的冰粒尺寸也影响这种波动，这种波动可能是由含冰率（IPF）引起的。Kumano et al. 利用乙醇溶液制备浆液，研究了乙醇初始浓度对流化冰流变性的影响，结果表明，冰浆的流变性取决于冰浆中水溶液的浓度。当弗劳德数（Fr）值为 200 以上时，浮力的影响变得很小。当初始质量比为 5% 和 10%，冰浆的流动特性表现出假塑性流体趋势；而 2% 乙醇溶液产生的冰浆被认为是牛顿流体。Liu et al. 提出利用固体冰粒浓度的最大值和最小值来验证和解释数值模拟结果。结果表明，最佳流速在这两个临界速度之间时能最大限度地防止冰堵塞；第一临界速度和第二临界速度均随着 IPFS 的增加而减小，表明 IPFS 对湍流效应的影响大于对黏性摩擦的影响。利用最大值和最小值来分析的方法在研究中能够定量和精准地防止冰堵。流化冰浆液温度的稳定性对流化冰输送也有影响。Yadav et al. 对圆形和椭圆形管中的等温和非等温流化冰流动情况进行了比较，发现等温流动情况下优先选择圆形管输送流化冰；非等温流动情况下，椭圆形管道优于圆形管道。

（三）流化冰结合其他保鲜技术

流化冰保鲜技术对于一些温带鱼类和多脂鱼类，单一用流化冰处理的效果与传统冰对比并不显著，未能达到预期效果。若流化冰与臭氧等杀菌剂混合使用，则能达到表面杀菌效果，减少初始微生物含量；与其他保鲜剂混合使用，能防止脂质氧化，延缓微生物腐败。目前较为热门的研究便是流化冰与臭氧结合进行保鲜的技术。该研究表明，与传统冰相比，臭氧化流化冰对水产品具有更好的保鲜效果，并能显著延长货架期。Campos et al.比较了流化冰和臭氧结合前后对大菱鲆的保鲜效果，结果表明，臭氧流化冰在抑制脂肪水解及氧化反应和微生物增长方面的效果优于流化冰，延缓了大菱鲆的腐败，延长了货架期。Campos et al.还将单独使用的流化冰和结合臭氧使用的流化冰对沙丁鱼的品质影响进行了比较，发现臭氧流化冰能减少沙丁鱼肌肉中初始好氧嗜温菌、厌氧菌等数量，其保质期比流化冰组和碎冰组分别延长 15 d、8 d。黄玉婷研究了臭氧流化冰对梅鱼保鲜效果，结果表明，臭氧的最佳浓度为 0.82 ± 0.04 mg/L；与碎冰组相比，臭氧流化冰和仅由流化冰处理的梅鱼货架期分别延长 9 d 和 7 d。臭氧流化冰能有效减缓甚至抑制鱼体细菌生长，防止腐败变质；能较好地保存水产品原有风味、营养价值和外观品质，并且生产成本低，适于处理和保藏大批量水产品。

此外，也有流化冰与其他保鲜剂联合使用保鲜水产品的报道。Aubourg et al.研究了 $5\%NaHSO_3$ 与流化冰联用对挪威龙虾防褐变的效果，结果表明，该方法能使龙虾的褐变速率显著减慢；不超过标准（≤ 150 mg/kg）的情况下，能保持各种品质（包括口感），保质期比对照组延长了 4 d。施源德 等采用茶多酚流化冰对鲭鱼进行处理，发现 0.25% 茶多酚、0.2% 二氧化硅、3% 氯化钠在 -4 ℃下配制的茶多酚流化冰能有效地抑制鲭鱼冷藏过程中的挥发性盐基氮和组胺的产生，使其保持良好的品质。当然，保鲜剂的使用是否会对水产品本身造成食用安全的问题也是值得人们关注的。因此，人们在保鲜剂的选择上需保持谨慎。

第四节　乳与蛋的加工保藏

一、乳制品的加工保藏

（一）牛奶的分类及其特性

奶牛在不同泌乳期所产的奶的营养成分是不同的，一般分为初乳、常乳、末乳及异常乳。

1. 初乳

母牛产犊后头 7 d 所产的奶称为初乳。初乳是一种浓稠的黄色乳汁，富含免疫球蛋白、酶及溶菌素等抗体，可以提高机体免疫力。初乳中含有的维生素、矿物质和大量镁盐具有轻泻作用，可以促进犊牛胎粪排出。随着犊牛日龄增加，初乳的成分比例会发生变化。

2. 常乳

母牛产后 1 周到干乳前所产的奶称为常乳。常乳的颜色为白色或微黄色，成分及性状基本稳定，是奶制品的优质加工原料。常乳中含有 4.2%～5% 的乳糖，呈溶解状态，可以促进人体肠道内乳酸菌的生成，有利于人体对钙及其他营养物质的吸收，是人体碳水化合物的主要来源。常乳中的主要营养成分为水分 87%、蛋白质 3.5%、脂肪 3.5%、乳糖 4.6%，另外还有无机盐、铜、碘、硒等微量元素。

3. 末乳

母牛停止泌乳前 1 周左右所产的奶称为末乳。末乳中除了脂肪，其他营养成分含量均高于常乳。末乳中含有大量解脂酶，味苦微咸。

4. 异常乳

凡是不适合饮用的奶统称为异常乳，如由于饲养管理不当、乳腺及生殖器官疾病、营养障碍、污染及其他原因使乳的成分和性质发生异常的奶。这种乳不适合饮用，也不适合作为乳制品的原料使用。

（二）牛奶的营养成分及其影响因素

牛奶中主要含有脂肪、蛋白质、乳糖、无机盐及维生素等成分。正常情况下，奶的成分是稳定的，但是由于牛的种类和品种不同，同时受挤奶时间、泌乳期、年龄、饲料、季节、环境温度以及疾病等因素影响，牛奶的营养成分在一定范围内有所变动。脂肪的变动最大，蛋白质次之，乳糖变化较少。

（1）牛的种类及品种对奶的影响。不同种类或不同品种的奶牛所产的奶成分有所不同。

（2）挤奶间隔及挤奶时间的影响。挤奶间隔时间长，虽然产奶量多，但是奶中的脂肪含量较低；挤奶间隔时间短，牛奶中的脂肪含量较高。挤奶时间不同对奶的乳脂率也有影响。早晨的奶量比晚上多，但是奶中的乳脂率低；晚上的奶量比早晨少，但乳脂率高。

（3）泌乳期的影响。牛奶的成分随着泌乳期变化而变化，有初乳、常乳和末乳之分，其所含的干物质、蛋白质、脂肪和灰分不同。

（4）年龄的影响。幼龄母牛随着年龄增长，产奶量增加，至产4～5胎时产奶量达到高峰。

（5）饲料的影响。不同种类的饲料对牛奶产量和营养成分均有影响。例如，日粮中增加富含蛋白质的优质饲料时母牛产奶量增加，牛奶成分不受影响，但是增加富含脂肪的大豆类饲料时，母牛的奶的乳脂率有提高的趋势。长期营养不足的奶牛比正常饲养的奶牛的产奶量低，而且其奶的乳脂率下降，即使恢复营养供给后其奶中的大部分成分能够恢复到原来水平，蛋白质含量也较难恢复正常。

（6）季节的影响。牛奶成分随季节而异。一般情况下，夏季牛奶的乳脂率含量较低，冬季有增加的趋势；产奶量1—5月逐渐增加，以后下降，9—10月最低；乳脂率以10月最高，以后逐渐下降，到6月最低；总干物质及无脂干物质3—4月最低，5—6月最高。

（7）环境温度的影响。当环境温度达到 $21 \sim 27\ ℃$ 时，奶产量逐渐减少，乳脂率降低；气温达到 $27\ ℃$ 时，无脂干物质含量下降，产奶量显著下降，但是乳脂率提高；温度在 $4 \sim 21\ ℃$ 时，产奶量和牛奶成分没有显著变化。

（8）太阳光影响。牛奶最怕太阳光。经过太阳光照射的牛奶成分会遭到破坏，牛奶中的胡萝卜素、维生素 A、维生素 B_1 和维生素 B_{12} 均会失去原有的功效。

奶牛患病时产奶量普遍降低，奶的成分也发生变化：奶牛患乳腺炎时，奶中的干物质和脂肪均有变化；患结核病但未感染乳房的牛，奶的成分变化不显著；当奶牛患其他疾病时，如果体温升高，其产奶量和无脂干物质含量通常会减少；如果是不引起体温升高的疾病，奶牛的产奶量虽然减少，但是对牛奶的成分影响不大。

（三）牛奶中的微生物

牛奶的细菌来源主要是挤奶过程中不注意对乳头的清洗和消毒，以及处理鲜奶时挤奶员的个人卫生不达标，致使牛奶被污染。牛奶是微生物良好的培养基，奶中的微生物大量繁殖使牛奶酸败变质。牛奶中微生物的来源主要有以下几个方面：

（1）乳房的污染。奶牛俯卧运动场休息时，乳房直接接触褥草或污秽的地面，不可避免地会被微生物污染。微生物经乳房管钻入乳房，栖生于乳池下面。进入乳房的微生物虽然大部分被机体消灭，但是抵抗力最强的微生物仍然能够存留。越接近乳头孔部位的细菌越多，所以最初挤出的一二把奶一定要废弃或作其他处理，否则会给鲜奶质量带来不良影响。

（2）牛体的污染。每克污土或粪便中的细菌数一般为 100 万～1 000 万个，有的高达 10 亿个。当牛体和乳房接触这些污物时，细菌就会附着在牛体上和乳房周围，挤出的新鲜牛奶就会被污染。所以，挤奶前一定要清扫牛床，打扫干净周围环境，清洗牛体或刷拭干净牛体。

（3）容器和用具的污染。挤奶时所用的挤奶桶、挤奶机、过滤布、洗乳房用的毛巾及盛奶桶，如果清洗灭菌不严格，牛奶会通过这些用具被污染。据报道，挤奶桶只用清水洗涤，当装满牛奶后牛奶中的细菌数可达255.7万个/mL；挤奶桶用蒸汽灭菌后再装奶，奶中的细菌数可平均减少到23 500个/mL。所以，对奶桶清洗灭菌是防止微生物污染的重要措施。如果受条件限制，人们也可以用热碱水或家用洗涤剂兑适量温水冲洗，然后用清水多次冲洗干净。有的奶桶内部凹凸不平或生有铁锈，或存有奶垢，均不利于清洗和灭菌。存在于容器和用具上的细菌多数为耐热的球菌属，如果对这些容器和用具不进行严格的清洗和灭菌，一旦新鲜牛奶被污染，即使再进行高温瞬间杀菌，这些耐热菌仍然存在，结果会使新鲜奶变质腐败。

（4）空气污染。在挤奶和收奶的过程中，新鲜牛奶暴露在空气中，受空气中微生物污染的机会很多，尤其是牛舍内的空气中含有很多细菌，以产芽孢的杆菌和球菌属居多，此外还有霉菌孢子。这些菌对牛奶的质量构成严重威胁。

（5）其他污染。挤奶员的手不清洁，或者奶中混入苍蝇、蚊子及其他昆虫等。另外，挤奶牛的尿液、粪便等污物溅入奶桶也会污染牛奶。

（四）牛奶的处理和保质

牛奶刚挤出来时温度一般为36 ℃，这是最适合微生物发育繁殖的温度，如不及时处理，微生物会大量繁殖，酸度升高，牛奶会变质。

（1）过滤。收集牛奶时，先将消毒好的纱布折成1～2层，结扎在奶桶口中，然后将奶徐徐倒入奶桶，滤去奶中的非溶解性杂质，如奶块、牛毛、皮屑、草屑、泥土、饲料、粪便及蚊蝇等污物，尽可能减少微生物对牛奶的污染。

（2）冷却。刚挤出来的鲜牛奶要及时冷却，以抑制奶中微生物的繁殖，保持牛奶性状稳定。冷却的温度越低，抑菌的作用越大。

①水池冷却法。此法简单易行，能使奶冷却到比所用的水温高3～4 ℃。其方法是根据日产奶的多少设立一个水池，先往水池中放入冷水或冰水，然后将装满的奶桶放入水池。为了加速牛奶的冷却和使牛

奶冷却均匀，一定要定时搅拌牛奶，还要及时更换池中的水。池中的水量应当是被冷却奶量的 4 倍。每隔 2 d 将水池彻底清洗 1 次，并用石灰溶液洗涤 1 次。每次挤下的奶应随时冷却，不要等所有的奶挤完才浸入水池冷却。

②冷排冷却法。用冷排冷却器将牛奶冷却的方法就是冷排冷却法。此方法适用于小规模牛奶加工厂和牛场。方法简单，冷却效能较高。

③浸没式冷却法。用浸没式冷却器将牛奶冷却的方法就是浸没式冷却法。浸没式冷却器里面有个离心搅拌器，可以调节速度，并带有自动控制开关，能够定时自动搅拌牛奶，故可使牛奶均匀冷却，并防止稀奶油上浮。这种冷却器轻便、灵巧，使用方便。

（3）保存。经过冷却的新鲜牛奶应当迅速移入冷藏室储存。一般情况下，将奶冷却到 1 ～ 2 ℃能保存 36 ～ 48 h。

（五）牛奶的消毒与保存

（1）巴氏消毒。新鲜牛奶冷却后，低温 62 ～ 65 ℃消毒 30 min，属于低温长时间消毒；高温 72 ℃消毒 15 min，或者 80 ～ 85 ℃消毒 10 ～ 15 min，属于高温短时间消毒。这种消毒方法只杀灭牛奶中的病毒，不杀灭所有的微生物，能够保存牛奶的营养成分。因此，巴氏消毒奶需要在 4 ℃的环境中冷藏，防止没有被杀死的微生物活跃起来。

（2）超高温瞬间灭菌。经 2 min137.8 ℃加热，牛奶中的微生物全部被杀死，虽然保存时间可达数月，但是牛奶中的部分营养成分已被破坏，营养价值降低；传统的灭菌奶是长时间高温杀菌，牛奶可常温保存 6 个月以上。灭菌奶中的蛋白质、乳糖和矿物质等营养成分含量基本与原乳相同，仅 B 族维生素有少量损失，方便人们在任何场合饮用。

（3）蒸汽消毒。蒸汽上升 8 min 后，牛奶温度可达 85 ℃。

（4）微波炉消毒。用微波炉 650 W 照射，牛奶煮沸即停止。

（5）日常保存。居民买回来的牛奶如果不马上饮用，应当煮沸晾凉后在室温下原锅存放，饮前还需加热处理。日常保存可在冰箱中 0 ～ 4 ℃冷藏，不可在冷冻室冷冻保存。牛奶一经冷冻再加热融化，就会发生脂肪与蛋白质分离，出现凝固和沉淀，漂浮的油脂变质变味，营养价值降低。

（六）牛奶的运输

为了防止牛奶在运输过程中温度升高，运输时间最好安排在夜间或早晨，或用隔热材料将奶桶遮住。运输时所用的容器必须保持清洁，并严格消毒。奶桶盖内要有橡皮垫，防止尘土掉入或向外洒奶。运输时容器内必须装满奶，并将盖盖严。车辆行驶要平稳，防止震荡。

二、蛋制品的加工技术

（一）腌制蛋制品加工技术

腌制蛋制品在中国历史悠久，深受老百姓喜爱，在部分亚洲地区也受到人们的追捧。腌制蛋主要通过盐、碱等不同辅料加工腌制处理而成，具有风味独特、易于携带、食用方便等特点，主要包括皮蛋、咸蛋、卤蛋、臭蛋等。

（1）皮蛋。皮蛋是中国特有的传统风味食品，无论是北方的"松花蛋"，还是南方的"皮蛋"、中原的"变蛋"，均受到人们的喜爱。皮蛋不仅具有食用价值，还具有药用价值。中医温病学家王士雄在《随息居饮食谱》中提到："皮蛋，味辛、涩、甘、咸，能泻热、醒酒、去大肠火，治泻痢，能散能敛。"传统皮蛋制作通常是以新鲜禽蛋为原料，经水、纯碱、红茶末、生石灰、食盐等配料配制成的料液腌制而成，该法制作的皮蛋中铅含量高，在人体中累积易导致慢性中毒。于沛 等使用硫酸铜和硫酸锌复配剂代替氧化铅进行腌制，有效降低了皮蛋中的铅含量，同时确定腌制温度、NaOH 浓度和腌制时间为主要影响因素，得到最佳腌制条件为铜锌复配液浓度 0.40%、铜锌复配比 1∶2、腌制温度 15 ℃、NaOH 浓度 4%、腌制时间 18 d。冯婷婷 等采用阶段调碱法结合传统腌制，选取料液 NaOH 质量分数 5.5% 的皮蛋，在 11 d 后将腌制液 NaOH 质量分数降为 0.3%，腌至成熟，最终得出无碱伤、腌制周期短的皮蛋。

徐海祥 等采用酶解结合中温处理技术，利用木瓜蛋白酶对壳下膜进行酶解，使腌制液更快渗入蛋内，与传统腌制工艺相比，生产效率提高 3 倍。Sun et al. 利用真空技术腌制皮蛋，生产时间为传统方法的 1/3，大大缩短了皮蛋的腌制周期。

（2）咸蛋。食盐浸泡是腌制咸蛋的传统方法，包括盐水法、灰包法、沙腌法等。刘蒙佳 等改变腌制时间、食盐添加量与香辛料含量来影响咸鸭蛋的质量，最终确定腌制时间 20 d、食盐添加量 17.5 g/mL、香辛料含量 6% 为最佳工艺条件。王石泉 等通过腌制过程中脉动压与超声波联用，加速食盐向蛋内的渗透，3 d 即可腌制成熟，大大缩短了腌制周期，同时增强了盐分与风味物质。杨哪 等采用磁电辅助进行快速腌制，在 7 d 时，体系电压 3 V/cm，磁场强度 0.09 T 下，蛋清盐分质量分数、蛋黄盐分质量分数、蛋黄出油率分别为传统腌制的 4.9，3.1，2.3 倍。邵萍 等用柠檬酸进行腌制前处理，此后设置温度 40 ℃，真空度 0.1 MPa，每天维持 23 h 进行减压腌制，6 d 即可达到咸蛋成熟的标准。

（3）卤蛋。卤蛋是一种由各种香辛料及肉汁加工而成的蛋制品，由于其口感好、味道佳，已成为老百姓餐桌上很常见的一种食品。基于卤蛋的普遍性，人们对卤蛋品质及卤料的选择是目前最值得研究的方向之一。赵节昌 等比较了卤制、腌制、超声腌制、杀菌、超声腌制并杀菌这 5 类加工工艺制作的卤蛋，结果表明，超声腌制并杀菌后卤蛋的质量、色泽均发生了不同的变化，同时不能有效地缩短时间，因此工艺优化还需要更多的研究。针对卤料的选择，朱建勇 等探究了在卤液中分别加入红茶、黑茶、乌龙茶、绿茶的效果，结果表明，4 种茶叶均能对卤蛋的品质起到一定的影响，其中添加红茶可以改善卤蛋的弹性与咀嚼性，并有效降低 pH，使卤蛋呈弱碱性，满足科学饮食的要求。

（二）干燥蛋制品加工技术

干燥蛋制品是由鲜蛋经打蛋后将蛋液干燥处理，去除水分所制成的产品。因其水分含量低，微生物生长缓慢，干燥蛋制品可以在常温下放置很长一段时间。干燥蛋制品的主要工艺流程：打蛋→蛋液搅拌→杀菌

→干燥→出粉→冷却→筛粉→包装。

　　蛋粉是经干燥后得到的粉末状蛋制品，相对于鲜蛋，其保质期更长，更便于运输、贮藏和使用。蛋粉已经广泛应用于冷饮、糖果以及各种面食产品中。郑毅 等研制了一种含有雨生红球藻的蛋粉片，在常温下有效期可达到 12 个月，具有良好的抗氧化和抗衰老能力。刘华桥 等将鸡蛋浸泡在紫苏汁、姜粉、红茶粉中 2 h 后加酵母进行发酵，加入曲霉脂肪酶、木瓜蛋白酶、胰蛋白酶、菠萝蛋白酶进行酶解，后经过滤、真空浓缩、冷冻干燥、粉碎得到鸡胚蛋粉，同时在此基础上添加葡萄糖、蜂蜜等辅料，制备出更易于携带、饮用的鸡胚蛋饮料。林丽 等将全蛋粉与奶粉结合，开发了一种复合奶片，确定全蛋粉与奶粉配比 2：7 添加，0.7% 蛋白糖、14% 植脂末，实现了鸡蛋和奶粉的双重营养价值。

　　干燥是干燥蛋制品生产中关键的一道工序。人们可通过喷雾干燥、真空冷冻干燥、热风干燥、微波干燥、红外干燥等方式对蛋液进行干燥，其中喷雾干燥法最优，真空冷冻干燥法次之，红外干燥、微波干燥和热风干燥相对来说易损失营养成分，冲调性能较差。喷雾干燥是通过机械作用，将需要干燥的物料雾化，与热空气接触，除去大部分水分，使物料中的固体物质干燥成粉末。王清平 等通过改变喷雾干燥设备的工艺参数，将进风温度设置为 170 ℃，出风温度设置为 68 ～ 70 ℃，卵黄免疫球蛋白活性得到保护，蛋黄粉水分符合标准。真空冷冻干燥技术是利用升华的原理使物料脱水干燥，同时保护物料的主要结构和形状，最大限度地保留营养物质和生物活性物质。沈青 等比较了真空冷冻干燥与喷雾干燥对全蛋粉理化特性的影响，真空冷冻干燥制成的全蛋粉溶解度、乳化活性、起泡性均高于喷雾干燥法制得的全蛋粉，表明真空冷冻干燥法制成的全蛋粉优于喷雾干燥法制成的全蛋粉。

（三）液蛋制品加工技术

　　液蛋是指鲜蛋经去壳、打蛋、杀菌、包装等处理制成的液体蛋制品，液蛋水分含量较高，易腐败，仅可在低温下短时间贮藏。为保证食用安全、增加贮藏时间，目前人们采取多种方式对液蛋制品进行消毒灭菌。液蛋保存了大部分的营养物质，因此也被称为鲜蛋的代替品。醋蛋液作为民间流传的食疗偏方，已经广为人知，不仅具有减肥、降低血脂的效果，还能增强人体免疫力，起到抗疲劳的作用。张娜 等通过中心旋转回归试验建立三因素三水平的回归模型，通过响应面分析，确定在温度 25.28 ℃、时间 60.37 h、米醋量 153.32 mL 时，所制得的醋蛋液共含有 18 种氨基酸，充分满足了人体的消化吸收。陈雨洁通过控制蛋醋比与浸泡时间，确定浸泡时间 3 d、蛋醋比 1:3 时，醋蛋液稳定性较高，并通过臭氧处理，使醋蛋液的腥味得到有效控制。田思雨 等改良液蛋生产工艺，通过加入 0.2% 干姜、0.4% 山奈、0.6% 小茴香、0.6% 肉蔻、0.6% 香果配制的调料水使液蛋中不良风味减弱，达到大众可接受的程度。温佳奇 等将鸡蛋在 5 个不同浓度二氧化氯消毒剂中浸泡不同时间，并对蛋液起泡性、泡沫稳定性和挥发性盐基氮进行测定，结果表明将鸡蛋在浓度为 125 mg/L 的二氧化氯中浸泡 5 min，可以杀灭蛋壳表面 99.9% 的微生物，起到保鲜作用。巴氏杀菌法广泛用于液蛋制品的灭菌，但是巴氏杀菌会导致蛋白质变性、加工性能降低、产品质量损害。Ho et al. 通过生产较低分子量的氨基酸与肽片段的蛋清水解物，确定最佳浓度为 1%，有效减少了无菌蛋液起泡性和稳定性的损失，降低了巴氏杀菌法对液蛋的负面影响。Zhu et al. 开发基于射频加热的巴氏杀菌法，通过控制射频加热时间与电极间隙尺寸来控制液蛋中的微生物，有效地解决了液蛋制品质量损害的问题，保持了液蛋制品的起泡性、乳化性。

（四）休闲蛋制品加工技术

休闲蛋制品已经逐渐成为人们闲暇、休息时必备的食品之一，面对日益增长的市场需求以及庞大的蛋制品消费体量，各种休闲蛋制品进入人们视野，如蛋挞、蛋肠、蛋黄酱、鸡蛋豆腐等。休闲蛋制品的感官品质高，食用方便，根据世界蛋品协会（International Egg Commission, IEC）预测，2025 年中国的休闲蛋制品占比将达到 30%，具有很高的市场占有率。

（1）蛋挞。一般蛋挞的制作工艺流程：配料→拌料→揉面→擀面→

松弛→成型→整形→涂油→烤制→成品→包装。喻弘 等采用称量物料→软化黄油→面团调制→冷藏醒发→擀面、折叠→入模→冷藏→烘烤→冷却、脱模的工艺流程制作蛋挞皮，满足了外观和口感的双重标准，对蛋挞整体味道的提升起到了促进作用。绪亚鑫 等控制蛋液发酵条件，以乳酸乳球菌、嗜热链球菌、梅利斯丛梗孢酵母为发酵剂，在接种量2%、发酵温度42 ℃、发酵时间42 h的发酵条件下，制备了口感良好的蛋挞，同时赋予了其独特的风味。

（2）蛋肠。吉艳莉 等为改善蛋肠营养单一的问题，研制了一种全蛋液和蔬菜粉的蛋肠。该产品工艺：清洗→打蛋→搅拌→均匀→灌制→漂洗→煮制→冷却→真空封装、杀菌→成品。郭萌 等进一步研制了一种蔬菜丁蛋肠，并通过使用旋转蒸发器将100 g全蛋液中6%的水分蒸发，添加6%的全蛋粉解决了蛋肠的出水问题。

（3）蛋黄酱。作为一种调味酱，蛋黄酱已经广泛应用于中餐与西餐之中，但由于其高热量，低脂蛋黄酱的开发成为当前的研究热点之一。李梦倩 等基于单因素及响应面法进行低脂蛋黄酱工艺的优化，最终确定最佳工艺条件为蛋黄添加量14.24%、脂肪替代率31.48%、荞麦淀粉脂肪替代品DE值3.86。郭绰 等以海藻酸钠为原料，通过诱导蛋黄与海藻酸钠发生静电作用，赋予了蛋黄酱良好的黏弹性。

（4）鸡蛋豆腐。鸡蛋豆腐是以鸡蛋为原料，在鸡蛋高品质、高营养的基础上配以豆腐的爽滑鲜嫩，制成的冻胶状的食品。目前鸡蛋豆腐已经成为大众喜爱的菜肴之一。鸡蛋豆腐的制作流程大致如下：大豆称量→浸泡→水洗→磨浆→添加鸡蛋→煮浆→点浆→灌装→加温→冷却→成品。张瑜对鸡蛋豆腐的制作工艺进行了进一步探讨，确定了大豆最佳浸泡工艺为20 ℃下浸泡8 h，可有效减轻豆腥味，鸡蛋添加量25%、豆乳浓度1:7、凝固剂0.7%、凝固温度85 ℃时，鸡蛋豆腐的感官评价最佳。郭萌 等研制了类似内酯豆腐和北豆腐的两款软硬鸡蛋豆腐，并对两款产品的最佳配方分别进行探讨。这些学者的相关研究对蛋制品的开发具有积极意义。

第三章　食品杀菌技术及应用

第一节　热杀菌

一、巴氏杀菌

巴氏杀菌是热杀菌中最主要的代表性技术，几乎可以杀死食品当中全部的病原菌，属于一种杀菌强度较高的热杀菌技术。针对杀菌对象耐热性不同，巴氏杀菌具有不同的热处理能力。例如，在乳制品的生产环节，大部分地区的乳制品加工厂商会将巴氏杀菌作为主要的杀菌方式。同其他杀菌方式相比，巴氏杀菌在应用的过程中会使糠氨酸以及 β - 乳球蛋白变性率降低。在温度超过 10 ℃的条件下进行冷藏，应用巴氏杀菌处理过的乳制品保质期通常为 10 d 左右，并且此种方式处理过的乳制品可以与新鲜的乳品保持同样的风味、口感和营养价值。除了被应用在乳制品加工领域，巴氏杀菌还被广泛应用在果汁、啤酒等饮品加工环节，且均能在保证产品口感的情况下提高食品的安全性。

二、超高温杀菌

超高温杀菌是指利用温度在 135 ～ 150 ℃的设备，对需要加工的食品进行 2 ～ 8 s 的加热杀菌，确保经过超高温杀菌之后的产品满足商业生产的无菌需求。此种杀菌技术相对于传统的热杀菌技术的温度要超出 20 ～ 40 ℃，因此被称为超高温杀菌。超高温杀菌适用于所含颗粒粒度在 1 cm 之内或者不含有颗粒物料的食品内部。常规情况下，相对于食品固有成分来说，食物当中的微生物对于温度的敏感性更强。因而，人们可以应用超高温杀菌在较短的时间内大量消灭有害微生物，这样做不仅不会对食物原本的品质造成损害，还可以延长食品的保质期。目前，超高温杀菌已经被广泛应用于饮品、乳制品和发酵制品等食品加工领域。

三、高压热杀菌

高压热杀菌（high-pressure thermal sterilization，HPTS）是指将静态超高压和热耦合起来用于杀菌，通常所用压力为 400～900 MPa，所用温度为 50～90 ℃。HPTS 比传统热杀菌技术的热处理强度低，可以生产出质量更高的食品。随着消费者对天然、新鲜、安全和最少加工食品的需求日益增长，HPTS 引起了人们极大的兴趣。HPTS 是一种新兴的生产货架稳定、低酸食品的技术，能灭活细菌芽孢，并使食品具有较好的感官和营养品质。目前，HPTS 还没有广泛地应用于食品工业中，部分原因是其杀灭细菌芽孢的机理尚不为人知。

（一）细菌芽孢的结构及其杀菌抗性

芽孢的极端杀菌抗性与其特殊结构紧密相关。芽孢的结构与其营养体不同。芽孢从外到里有七层结构，分别是孢外壁、芽孢衣、外膜、皮层、细胞壁、内膜、内核。孢外壁是芽孢的最外层，由碳水化合物和蛋白质组成，不同类型的芽孢的孢外壁差异很大，而且这层结构对芽孢的抗性没有任何作用。芽孢衣主要由蛋白质构成，它使得芽孢对许多化学物质有抗性，也能保护芽孢免受外源皮层裂解酶的攻击。芽孢衣之下是外膜，它之下是芽孢的皮层。皮层占芽孢体积的 36%～60%，皮层的渗透压为 2.0 MPa 左右，含水量 70%，略低于营养细胞（80%），但比芽孢整体的平均含水量高出许多。芽孢的皮层对其抗压性有关键影响。皮层之下是芽孢的细胞壁，由肽聚糖构成。接下来是芽孢的内膜，它是完整的，是生长中的细胞质膜的类似物，具有很强的渗透性屏障，阻碍了损伤 DNA 的化学物质进入。芽孢萌发后内膜成为营养体的细胞膜。芽孢内核的一个重要生物化学特性就是其水分含量极低，仅有 25%～50%，而营养体细胞水分含量为 80% 左右，芽孢核心含水量低是导致其休眠和耐热性的关键因素之一。皮层通过挤压核心来促进水分的流失，这伴随着 DPA 的积累。

芽孢中的 DPA 含量高。DPA 含量约占芽孢内核干重的 20%，其钙盐是细菌芽孢杀菌抗性的原因之一。小分子酸溶性蛋白（small acid-soluble protein，SASP）占芽孢内核总蛋白的 3% ～ 6%。缺乏 α / β SASP 的突变芽孢对紫外线、热、过氧化物、电离辐射和其他杀菌处理的敏感性提高。部分学者研究了 HPTS 对细菌芽孢的杀灭效果。Ahn et al. 报道了 HPTS 处理下牛奶中嗜热脂肪芽孢的数量减少了 6 个对数值。Ates et al. 报道 HPTS（650 MPa、65 ℃、10 min）能杀灭 4.5 个对数的枯草芽孢杆菌芽孢。Evelyn et al. 报道 HPTS 处理下牛肉泥中蜡样芽孢杆菌减少了 4.9 个对数值。Evelyn et al. 研究了芽孢对热、高压热处理和单独热处理的抗性差异，发现 HPTS（600 MPa、75 ℃）处理蜡样芽孢杆菌具有显著效果。Izabela et al. 发现在 300 MPa、50 ℃、15 min 条件下处理苹果汁，能有效杀灭苹果汁中的酸土脂环酸芽孢杆菌，且苹果汁浓度会影响杀灭效果。

随着杀菌压力和温度的升高，芽孢萌发和失活也在增强。Reverter-Carri ó na et al. 发现在压力为 200 MPa、300 MPa，温度为 50 ℃、70 ℃能有效杀灭芽。MaierMB et al. 报道 HPTS（600 MPa、100 ℃）处理下肉毒梭状芽杆菌减少了 6 个对数值。

（二）HPTS 处理下细菌芽孢灭活动力学

预测 HPTS 灭活芽孢的数学模型可以让制造商预测和控制食品的安全性和货架稳定性。Gao et al. 研究了食品成分对 HTPS 处理下嗜热脂肪芽孢杆菌芽孢死亡程度的影响，建立了二次模拟方程来预测食品成分和 pH 对 HPTS 处理下芽孢死亡的影响，得出大豆蛋白质、豆油等和食品的 pH 能显著地影响该菌芽孢对 HPTS 的抗性。Silva et al. 用一阶 Bigelow 模型很好地描述了 HPTS 对酸土脂环酸芽孢杆菌芽孢的杀灭效果。Wang et al. 报道嗜热脂肪芽孢杆菌芽孢对 HPTS 的耐受力比凝结芽孢杆菌芽孢强，Logistic 模型对芽孢死亡曲线的拟合效果最好，Weibull 模型次之。Luu-Thi et al. 报道 HPTS（300 ～ 600 MPa、60 ～ 100 ℃）能杀灭蜡样芽孢杆菌芽孢，HPTS 处理下芽孢死亡初期较快、后期较慢，但两个阶段均可用一级动力学模型描述。Evelyn et al. 报道 HPTS（400 ～ 600 MPa、70 ℃）能杀灭牛奶中的蜡样芽孢杆菌芽孢，Weibull 模型能很好地描述芽孢死亡动力学。Uchida 报道 HPTS（600 MPa、65 ℃）能杀灭酸土脂环酸芽孢杆菌芽孢，随着芽孢悬浮液中可溶性固形物浓度升高，杀菌动力学曲线的 D 值增大。

（三）HPTS 杀灭芽孢的机理

目前，人们对 HPTS 杀灭芽孢的机理尚不完全明确。综合来看，人们对此主要持两种观点：第一种观点认为 HPTS 直接破坏了芽孢结构或钝化了芽孢的酶，从而杀灭芽孢；第二种观点认为 HPTS 先导致芽孢萌发，芽孢萌发后失去极端抗性而被杀灭。

1.HPTS 直接破坏芽孢结构或钝化芽孢内源酶

曾庆梅 等研究了 HPTS 对枯草杆菌芽孢超微结构的影响，采用透射电镜进行观察，结果表明：超高压处理后枯草芽孢杆菌的营养体细胞壁皱缩，出现缺口，胞浆泄漏，结构层次感消失，出现大片透电子区；其芽孢外壳被破坏，出现缺口，芽孢内含物结构紊乱，泄漏，出现部分透电子区，甚至内含物质完全泄漏，出现细胞壁或孢子外壳残留，芽孢大量被杀灭。高瑀珑 等采用比色法研究了 HPTS 对枯草芽孢杆菌与嗜热脂肪芽孢杆菌芽孢的影响，结果表明，HPTS 处理芽孢能够显著提高芽孢 DPA 的泄漏率（$P < 0.05$），能够破坏芽孢的结构，芽孢内膜通透性屏障被破坏，显著提高了芽孢 DPA 的泄漏率，也就是说，HPTS 杀灭枯草芽孢杆菌与嗜热脂肪芽孢杆菌芽孢的原因可能是其物理结构被破坏。刘洁 等使用了 HPTS 处理芽孢，研究了连续式施压和间歇式施压两种不同方式对枯草杆菌芽孢的灭活作用，结果表明，经扫描电镜观察，芽孢外壳出现凹陷、皱褶等形态变化，这种间歇式的施压产生强烈的机械剪切力，造成芽孢结构损伤及内容物的泄漏，甚至死亡。Black et al. 研究高压和 nisin 对牛乳中芽孢杆菌芽孢萌发和灭活的共同作用，经过透射电镜观察，发现 HPTS 处理后，芽孢的结构有明显损坏，出现凹陷和空洞。章中 等研究乙醇协同 HPTS 处理后枯草芽孢杆菌芽孢，通过透射电镜观察发现，未经处理的芽孢光滑且圆润，皮层清晰，皮层和芽孢核区没有电子透射区，在 HPTS 处理后，有些芽孢的皮层被水解，芽孢内出现了大面积的电子透射区，芽孢被压垮，芽孢的核心出现紊乱。Wang et al.

研究高压和微酸性电解水对蜡样芽孢杆菌芽孢结构的影响，采用扫描电镜、透射电镜、超分辨多光子共聚焦显微镜等研究了芽孢的生理反应，结果表明，HPP-SAEW 处理蜡样芽孢杆菌，芽孢形态有部分损伤，芽孢壁不完整，芽孢表面有不规则的突起，甚至有严重的变形。芽孢的杀灭不依赖萌发，而是直接被杀灭。Akasaka et al. 首次将高分辨率高压核磁共振光谱应用于枯草芽孢杆菌芽孢悬浮液中，并直接实时监测了 DPA 在 200 MPa、20 ℃压力下的泄漏过程，发现在 200 MPa、20 ℃下，三分之一的 DPA 立即泄漏，其余的只有在减压时才缓慢泄漏，而且一旦 DPA 从内核中耗尽，在 80 ℃左右，它们的蛋白质很容易变性，且芽孢衣、内外膜和皮层等芽孢特有结构基本被破坏，从而导致芽孢失活。

2.HPTS 导致芽孢萌发而被杀灭

芽孢萌发是指在某种条件下芽孢从休眠态转变成营养体细胞的过程。芽孢一旦萌发后杀菌抗性就会大大降低。Setlow 认为芽孢萌发分为两个阶段：第一阶段会有阳离子释放、DPA 释放、芽孢核心的部分水化、部分杀菌抗性的散失；第二阶段会有皮层的水解、芽孢核心的进一步水化、芽孢核心的膨胀、杀菌抗性的完全散失。两阶段完成后，芽孢的新陈代谢开始恢复，SASP 被降解，大分子物质开始合成，新的营养体细胞从芽孢衣中脱离出来。综合来看，芽孢萌发过程中杀菌抗性的散失与以下因素有关，即 DPA 的释放、芽孢内膜通透性的增加、SASP 的降解、皮层的水解等。

HPTS 处理下芽孢 DPA 释放导致其萌发进而被杀灭。许多学者认为 DPA 释放是在 HPTS 条件下灭活细菌芽孢的关键步骤。Paidhungat et al. 发现 550 MPa 的压力处理打开了芽孢 DPA 的释放通道而导致芽孢萌发。Margosch et al. 研究了细菌芽孢的杀菌抗性，得出在 600～800 MPa 和 60 ℃以上的温度下，DPA 主要是通过物理化学过程而不是生理过程释放的，同时发现 HPTS 处理下芽孢的灭活和 DPA 的释放密切相关。Clery-Barraud et al 将突变衍生体 RP42 菌株的炭疽杆菌芽孢暴露于 HPTS 处理下（280～500 Mpa、10～360 min、20～75 ℃），测定芽孢的失活动力学，结果表明，HPTS 能完全杀灭炭疽杆菌芽孢，可能是 HPTS 处理下 DPA 释放，而诱导了芽孢萌发，萌发后的炭疽杆菌芽孢杀菌抗性降低。Black et al. 发现枯草芽孢杆菌芽孢在 500 MPa、50 ℃下能快速萌发，这个过程是通过超高压直接引起 DPA 的释放，随后引起芽孢的萌发而不是通过作用于芽孢的营养萌发受体引起芽孢萌发。该研究得出诱导芽孢释放 DPA 并萌发的最佳温度约 60 ℃，并推测 VHP 可能作用于芽孢内膜而导致 DPA 释放，但作用靶点尚不明确。黄娟 等以凝结芽孢杆菌芽孢、嗜热脂肪芽孢杆菌芽孢为研究对象，研究了 HPTS 对其失活、萌发、损伤方面的影响，结果表明：当较低压力（≤ 300 MPa）和初温（≤ 60 ℃）时能有效诱导两种细菌芽孢的萌发；当较高压力（≥ 500 MPa）和较高温度（≥ 80 ℃）时，两种芽孢的失活率趋于接近。此外，HPTS 对芽孢的萌发、失活影响明显大于常压热处理，但热仍是造成芽孢损伤的一个重要因素。

Vercammen et al. 研究了 HPTS 对番茄酱中凝结芽孢杆菌和脂环酸芽孢杆菌芽孢萌发和失活的影响，发现在 600 ～ 800 MPa 下，芽孢的萌发与温度关系极大，在 60 ℃时，在所有处理压力和时间条件下观察到芽孢灭活，并且灭活程度几乎等于萌发程度。Reineke et al. 通过研究芽孢特有物质 DPA 释放和芽孢热敏感性增加的情况，认为 HPTS 杀灭芽孢的机制涉及三个步骤：休眠、激活、杀灭。随着处理强度的增加，芽孢的灭活程度大大增加，当压力超过一定阈值时，温度成为影响芽孢萌发的主导因素。Hofstetter et al. 对 HPTS 与 reutericyclin 或 nisin 联合处理下嗜热杆菌芽孢内膜流动性进行了原位测定，结果表明，在不改变内膜高度有序状态的情况下，芽孢可以被 HPTS 灭活，而且 reutericyclin 和 nisin 对芽孢内膜流动性的不同影响有助于研究 HPTS 诱导芽孢释放 DPA 和失活。ErikaGeorget et al. 采用原位红外光谱（FT-IR）和荧光光谱法研究了硬脂酸杆菌芽孢在 HPTS 处理下萌发和失活的机理，芽孢内膜用 Laurdan 荧光染料染色，并在 HPTS 处理下，原位记录了红外光谱和荧光光谱，发现在 200 MPa 和 55 ℃条件下，芽孢 DPA 快速且全部释放，HPTS 导致了芽孢萌发，萌发率可达 3 个对数值，从而杀灭芽孢。Sevenich et al. 采用平板计数法、高效液相色谱法和流式细胞仪（FCM）检测 HPTS 处理对 DPA 释放、芽孢灭活及芽孢内膜的影响，发现 DPA 的释放对 HPTS 处理下的芽孢失活至关重要，DPA 的释放是芽孢灭活的限速步骤，而芽孢内膜可能是 HPTS 作用于芽孢的靶结构。

HPTS 导致芽孢内膜通透性增加而被杀灭。芽孢萌发时其内膜通透性会增加。HPTS 会导致芽孢内膜通透性增加而将其杀灭，主要是因为 HPTS 处理下水分子穿透内膜屏障并进入芽孢内核，使芽孢的抗性降低而将其杀灭。Mathys et al. 使用流式细胞仪研究了 HPTS 对地衣芽孢杆菌芽孢的杀灭机理，采用 SYTO16 和碘化吡啶对 HPTS 处理后的芽孢进行染色，研究芽孢内膜通透性变化，提出了一种包含三个步骤的 HPTS 杀灭芽孢机理，依次为芽孢皮层水解和芽孢萌发、一个未知步骤、芽孢内膜被破坏而失活。Zhang et al. 研究了 HPTS 结合不同浓度乙醇对枯草芽孢杆菌芽孢的杀灭作用。乙醇协同 HPTS 处理后芽孢的内膜通透性大大增加并严重受损，随着乙醇浓度的提高和水分的减少，HPTS 杀灭芽孢的效果降低，进一步表明水分子进入芽孢内核对 HPTS 杀灭芽孢有至关重要的作用。

Sevenich et al. 用氯化钠和蔗糖调节芽孢悬浮液的水分活度，发现随着水分活度的降低，水分通过芽孢内膜进入芽孢内核的量越少，HPTS 对芽孢的灭活能力越低。Rozali et al. 采用扫描电镜对 HPTS 处理前后芽孢的形态进行观察，发现芽孢具有不可逆的体积和形状变化。细菌芽孢的失活被认为是从芽孢内膜受损开始的，而芽孢内膜通透性的增加会促进芽孢内核 DPA 的释放和含水量的增加，进而导致芽孢死亡。

HPTS 导致芽孢 SASP 降解或皮层水解而杀灭。芽孢 SASP 是一个多基因族的产物，这个多基因族仅在出芽后期表达。SASP 仅存在于芽孢的核心，占芽孢总蛋白含量的 5%。SASP 的关键功能是和芽孢 DNA 结合在一起，这种结合使得芽孢 DNA 更为稳定并免受许多物理损害，芽孢萌发后期 SASP 会降解。芽孢的皮层主要由肽聚糖构成，在芽孢萌发早期就被降解。目前认为 HPTS 处理下芽孢皮层肽聚糖水解机理仅有两种可能性，一是 HPTS 激活皮层裂解酶，二是 HPTS 导致皮层肽聚糖的非酶水解。在休眠的芽孢中，皮层裂解酶不表现出活性，但在芽孢萌发而转变成营养体的过程中，皮层裂解酶通过某种机制被激活并将皮层肽聚糖水解，然后导致芽孢核心的完全水化，这是芽孢萌发过程中的一个重要步骤。Mathys et al. 认为，HPTS 处理下芽孢内部的 DPA 的释放可能会激活皮层裂解酶，从而将芽孢皮层水解，进而导致芽孢死亡。Reineke et al. 认为 HPTS 很可能会影响皮层裂解酶的活性，在某些压力和温度条件下，皮层裂解酶可能会被激活，导致芽孢皮层水解而萌发，进而使得芽孢结构被破坏。章中进行了乙醇协同 HPTS 处理后枯草杆菌芽孢的透射电镜观察，发现高浓度的乙醇抑制了芽孢皮层裂解酶的活性，皮层肽聚糖未能被水解，而肽聚糖水解是芽孢萌发的一个关键步骤，这一步骤被抑制导致芽孢萌发过程受阻，但乙醇协同 HPTS 处理下芽孢仍然有抗热抗压性，其内部结构受影响小，不易被 HPTS 杀灭。

第二节　非热杀菌

　　随着中国人民生活水平的不断提高，许多消费者对于食品的追求不再是解决温饱问题，而是更加重视食品的品质，并且对食品的新鲜度提出了新的要求。为了能够在不破坏食品原本的色香味和营养成分上，尽可能地对食品进行全面的杀菌处理，工业上经常采用高温瞬时杀菌或超高温杀菌。但是，这些杀菌技术或多或少会破坏食品中本来的营养成分。在这种情况下，非热杀菌被人们应用于食品杀菌领域。非热杀菌又叫冷杀菌，在操作过程中，通常食品的温度会偏低，这样就可以在不破坏食品原有成分的基础上对食品进行杀菌。

一、高压脉冲电场杀菌

高压脉冲电场杀菌的主要操作原理就是让两个电极之间产生的短暂高压，以脉冲电场的形式运用到食品杀菌中去，这样就会使细菌的细胞膜受到高压的冲击，从而起到抑制微生物的作用。这种杀菌方式的特点主要是不会对人体产生有害的物质，杀菌时温度较低、速度较快，杀菌的效果彻底，并且杀菌的过程中没有消耗过多的能源，不会对环境造成污染及二次破坏。高压脉冲杀菌只是利用两电极之间的瞬时高压，对食品中的微生物起到抑制作用，因此这种杀菌方法并不会对食品本身的营养成分造成破坏。比如，食品中的蛋白质非常容易受到微生物作用的影响，不断分解进而腐败，从而导致食品的营养价值降低，甚至引起食物变质。而采用高压脉冲电场杀菌技术并不会导致食品中蛋白质的变化，对食品中的营养成分也不会有较大的影响，最大限度上保障了食品原本的色香味，并且锁住了食品中原本的营养成分。有研究对牛奶进行高压脉冲杀菌处理，发现牛奶中的营养物质含量并没有发生显著的变化；通过对果汁进行高压脉冲杀菌处理，发现其不仅没有降低果汁中的营养成分，还提高了果汁中酶的活性，使果汁更加富有营养。

二、超高压灭菌

超高压灭菌的主要操作原理是将静态的压力施加到食品的表面，并且维持一段时间，进而起到食品杀菌的作用。高压会使得食品中含有的微生物朝体积较小的方向移动，如蛋白质如果发生性质上的变化，它的体积就会变小，进而蛋白质中含有的微生物就会面临死亡。超高压灭菌的主要特点就是处理的速度较快，并且作用在食品的表面较为均匀，在灭菌的过程中可以在一定程度上简化食品杀菌处理的工艺，耗能较低。由于超高压灭菌不会对食品中含有的蛋白质、维生素等各种营养物质造成破坏，因此，在保障食品原有营养价值的基础上，还可以保障食品的外观。通过对橙汁实施超高压灭菌，发现其对橙汁中的一些固态物，如总酸总糖等营养物质的含量并没有任何影响。而且，随着超高压技术不断对食品进行施压，果汁中含有的维生素 C 含量会逐渐下降，但是氨基酸类的营养物质含量会逐渐增加。另外，有研究对超高压杀菌用于番茄汁的杀菌进行了实验，发现超高压杀菌对番茄汁中胡萝卜素的含量基本没有影响。除此之外，人们还可以将超高压杀菌运用到肉制品的加工过程中，提高肉制品的色泽和营养价值。

三、脉冲强光杀菌

脉冲强光杀菌主要利用一些惰性的气体灯发出紫外线或红外线，从而形成强烈的脉冲闪光来杀灭附着在食物表面上的微生物。通常情况下，脉冲强光的波长在紫外线以及红外线中具有一定的差异性，这种脉冲强光具有较强的杀菌能力。细菌中的蛋白质以及核酸受到紫外线照射的时候，就可能引发细菌中蛋白质的变化，从而抑制微生物生长过程中对于 DNA 的复制以及细胞的分裂功能，达到有效的杀菌灭菌目的。除此之外，在应用脉冲强光杀菌的过程中，对脉冲强光的光源光谱进行灵活的变更和调整，也可以有效地增强杀菌效果。由于脉冲强光杀菌需要长时间处于紫外线照射下，因此其可能会破坏食物中的有机分子结构，对于某些营养成分较高的食品来说可能产生一些消极影响。例如，对于蛋白质丰富的食品来说，如果长期在紫外线的照射下，就可能导致蛋白质出现变性问题，严重时食品表面甚至出现变色的状况。但是，如果短时间采用脉冲强光对食物表面的微生物进行处理，食物内部的分子结构并不会被大范围破坏。

四、生物防腐剂杀菌

生物防腐剂杀菌主要利用动植物的代谢产物来抑制食物表面微生物的生长和繁殖。制作微生物防腐剂的原材料本身就是天然的农产品，通过将天然农产品进行发酵，可以得到防腐剂，这种防腐剂在目前的食品防腐剂中应用较为广泛。由于生物防腐剂主要是微生物的代谢产物，这些物质中含有一定的抗菌物质，因此其能够有效抑制微生物细胞膜的成长，从而破坏微生物的能量，提供系统达到抑制微生物生长和发育的目的。目前，生物防腐剂已经在中国食品加工工业中得到了广泛的应用，这种防腐剂在一定时间内不会对食品中的营养造成损失，也不会对人体造成其他伤害。尤其是在对食品进行加热处理后，这些生物防腐剂将会转变为无害成分，在人体的消化道内直接降解，不会对消化道内部的菌群造成影响。

第三节　化学杀菌

化学杀菌剂作用于微生物，使与微生物细胞相关的生理、生化反应和代谢活动受到干扰和破坏，会导致微生物死亡。目前，化学杀菌剂在食品领域的应用主要是直接用于食品或对食品生产过程进行消毒。可以说，化学杀菌已成为食品工业中实现抑制微生物繁殖的关键环节。

一、含氯类消毒剂

氯类杀菌剂具有广谱杀菌、成本低、毒性较低等优点。食品领域常用的氯类杀菌剂主要有酸性电解水（主要杀菌成分为次氯酸、次氯酸根、氯气）、次氯酸及其盐类（主要为次氯酸钠）、二氧化氯（包括气态和液态两种形式）以及可再生的 N- 卤胺杀菌剂。

（1）酸性电解水。酸性电解水（pH=5.5 ～ 7.0）的高氧化电位、有效氯、活性氧等是杀死微生物的主要因素，因无化学残留、环保，在果蔬保鲜、车间消毒中得到了广泛应用。利用酸性电解水对奶牛乳头、挤奶工双手和挤奶车间空间进行消毒，在较低的有效氯浓度下可达到良好的杀菌效果。由 NaClO 和盐酸（HCl）中和得到 Haccpper 杀菌液的全自动制备装置可实现对原料乳的生产现场进行杀菌，进一步研究 Haccpper 在动态空气杀菌环境条件下的微生物衰减情况和杀菌动力学特征，建立原料乳微生物污染控制技术体系，对乳业行业发展具有重要的战略意义。

（2）二氧化氯。二氧化氯（ClO_2）是一种以气态形式和水溶液均能起效的理想消毒剂，具有广谱杀菌、无害、环保等特点。ClO_2对微生物细胞壁有较强的吸附和穿透能力，可有效地氧化细胞内含巯基的酶，快速地抑制微生物蛋白质的合成，以此破坏微生物，高效灭活多种病毒、细菌及繁殖体。ClO_2在食品保鲜中的应用是当今一个热点研究方向。ClO_2能够稳定维持菜心偏低的过氧化物酶活性，抑制苯丙氨酸解氨酶活性，延缓木质化和衰老，保持品质。ClO_2处理能够有效抑制木奶果果胶酶活性，延缓果实硬度的下降。

（3）次氯酸钠。次氯酸钠（NaClO）又称漂白粉、84消毒液。杀菌主要是次氯酸（HClO）作用、新生氧的氧化作用和氯化作用。使用质量浓度75 mg/kg NaClO水溶液处理莲藕，既可以大幅减少细菌菌量，又能提升莲藕品质，如降低失重、保护色泽、提升感官品质等。用质量浓度100 mg/L NaClO清洗胡萝卜，胡萝卜在储藏期内菌落总数显著减少，并且可以保持较好的感官品质。NaClO处理鲜切山药也表现出良好的杀菌效果。但是，次氯酸类杀菌剂的杀菌能力受pH变化的影响。

（4）N–卤胺。N–卤胺是通过酰亚胺、酰胺或胺基团的卤化而形成的具有抗菌性的一类含有一个或多个氮—卤共价键的高分子聚合物。N–卤胺具有高效、持久、稳定、易保存、可再生、无腐蚀、无毒、廉价等优点，近年在食品包装领域多有应用。May et al. 合成的防污功能的可再生 N–卤胺抗菌膜，具有较好杀菌性，同时灭活的细菌碎片可以很容易地释放，避免了生物膜的形成，是一种潜在的新型食品包装杀菌材料。Qiaom et al. 将 N–卤胺和多巴胺结合形成的抗菌涂层应用在不锈钢表面，结果表明其具有良好抗菌性能，且这种涂层材料可以很容易地通过喷涂方法扩大应用到真正的食品设备部件上，实现食品安全的预防控制。

二、氧化型杀菌剂

氧化型杀菌剂包括一些含有不稳定结合态氧的化合物，如臭氧、过氧化氢和过氧乙酸等。该类杀菌剂一般具有强氧化能力，是广谱、速效、高效的杀菌剂。由于氧化型杀菌剂直接添加到食品中杀菌易影响食品品质，目前其主要用于食品生产环境、生产设备、管道、水产品和产品包装的消毒或杀菌。

（1）臭氧。臭氧（O_3）是一种具有特殊气味的淡蓝色气体，能够破坏分解细菌的细胞壁，快速扩散进入细胞内，破坏细胞及代谢繁殖，从而杀死细菌。O_3 在水中能够迅速水解产生具有强氧化能力和极强杀菌能力的单原子氧（O）、羟基（–OH）。O_3 可以氧化消除贮藏库内果蔬释放的乙烯等有害气体，延缓果蔬变质，提高果蔬的商用价值。与紫外线灯和甲醛消毒相比，O_3 气体杀菌不会漏过任何一个角落，克服了紫外线灯受照射距离影响和有死角的缺点，避免了甲醛消毒剂的毒性残留。同时，O_3 具有除味、除臭的作用，非常适合食品加工车间消毒。近年来，一些性能优良的高浓度 O_3 空气消毒机和 O_3 水处理器已在食品和药品领域应用。臭氧水还能有效控制润麦环节的微生物滋生，降低面粉产品中的微生物数量。20 ℃润麦时，质量浓度为 5.5 mg/L 的臭氧水能显著降低小麦粉中微生物含量。由于矿泉水产品不允许添加防腐剂，不能加热灭菌，且微生物指标要求达到"双零"，因而目前国内外矿泉水生产应用最普遍的灭菌方法是 O_3 杀菌。与次氯酸类杀菌剂相比，O_3 杀菌不受 pH 变化和氨的影响，杀菌能力强。当 O_3 的浓度超过阈值，杀菌就会瞬时发生。杀菌后的产物是氧气，无残留、无污染。但是，高浓度 O_3 会对人体健康产生负面作用，对环境也会造成严重污染。O_3 对非金属材料有强烈的腐蚀作用，这对生产加工设备提出更高要求，增加了投资费用。

（2）过氧化氢。过氧化氢（H_2O_2）也叫双氧水，可以氧化破坏微生物体内的原生质，从而杀灭微生物。过氧化氢在饮用天然矿泉水生产中对瓶坯内部杀菌起到重要作用，生产中将过氧化氢喷入瓶坯中对内壁进行灭菌，该方法与瓶坯传统的湿法杀菌工艺相比更为节能高效。在一定糙米添加量下，用过氧化氢喷淋粽子，可以降低粽体菌落总数至 10 CFU/g 以下，能有效抑制微生物生长，且对粽子的质构特性影响较小。H_2O_2 体积分数为 3% 时，粽子气味良好且粽叶颜色适中，感官品质较好。食品领域采用的食品级 H_2O_2 纯度高，且不含蒽醌类的有机杂质和对人体有害的金属物质。但是，H_2O_2 的化学性质不稳定，易失效，主要用于食品包装的表面杀菌。

（3）过氧乙酸。过氧乙酸（CH_3COOOH）是强氧化剂，对病毒、细菌、真菌及芽孢均能迅速杀灭。CH_3COOOH 易冲洗且分解产物仅有醋酸、水与氧气，对食品安全无毒，在食品杀菌、保鲜领域有着良好的应用前景。CH_3COOOH 杀菌机理如下：氧化作用使酶失去活性，造成微生物死亡；改变细胞内的 pH 以损伤微生物。CH_3COOOH 对黄秋葵具有很好的保鲜效果，可以延缓黄秋葵叶绿素、可溶性糖和商品率的降低，推迟呼吸高峰的到来。CH_3COOOH 也可有效阻抑枇杷果实储藏期间的腐烂指数、细胞膜渗透率和失重率的上升。但是，CH_3COOOH 有强腐蚀性，且在 110 ℃以上会爆炸。

三、天然防腐剂

食品防腐剂的主要作用是抑制食品中微生物的繁殖，达到延长食品保质期的目的。食品防腐剂按照来源分为化学防腐剂和天然防腐剂两大类。其中，天然防腐剂是指从植物、动物和微生物的代谢产物中分离提取的一类具有抗菌、防腐作用的功能性物质，具有抗菌性强、安全性高、热稳定性好等优点，常见的天然防腐剂有鱼精蛋白、中草药提取物、天然食用辛料植物提取物、壳聚糖和抗菌肽等。

（1）植物多酚。植物多酚是植物性原料的天然有效成分，主要包括类黄酮、酚酸、姜黄素、木酚素、芪类化合物和单宁。一些植物多酚具有抗氧化、抑菌、抗病毒等多种功能，被称为天然抑菌剂，在食品领域有着广泛的应用。裴亚萍 等研究发现，苹果多酚、葡萄籽多酚、茶多酚3 种天然酚类物质均具有减缓花生牛轧糖过氧化值升高、抑制花生牛轧糖酸价增高、抑制菌落总数和大肠菌群增加的作用。茶多酚溶液质量浓度 0.61 g/100 mL，处理时间 33.44 min，中式腊肠的菌落总数可降至 4.3l g（CFU/g），且能持较好的感官品质。

（2）天然抗生素。天然抗生素是从生物体分泌物或体内提取，安全无毒，具有优良的抑菌防腐特性。溶菌酶能催化革兰氏阳性菌细胞壁肽聚糖的 β–1，4 糖苷键水解，使微生物细胞壁破坏、缺失，在内部渗透压的作用下细胞膜破裂，内容物外溢，达到灭菌的目的。通常，用质量浓度为 0.002 g/mL 溶菌酶处理新鲜鸡肉，能有效抑制细菌生长，与壳聚糖等制成复合保鲜剂可使鸡肉保质期延长至 12 d 左右。乳酸链球菌素（nisin）是由乳酸链球菌产生的一种小分子抗菌肽，具有广谱抑菌作用，对致病性病原体李斯特菌、金黄色葡萄球菌、芽孢杆菌等革兰氏阳性菌有抗菌活性。nisin 是第一个被批准为食品防腐剂的细菌素，抑菌作用机制主要是在细胞膜中形成孔道，导致细胞内小分子物质快速流出，细胞质膜的离子梯度和质子动力被破坏，细胞的生物合成过程受阻，细胞裂解死亡。使用魔芋多糖 /nisin 复合保鲜剂涂抹处理的冷鲜肉，其菌落总数、挥发性盐基氮、pH 和感官评分的实验结果均优于对照组，且保质期延长至 10 d 左右。

第四章　食品干燥技术及应用

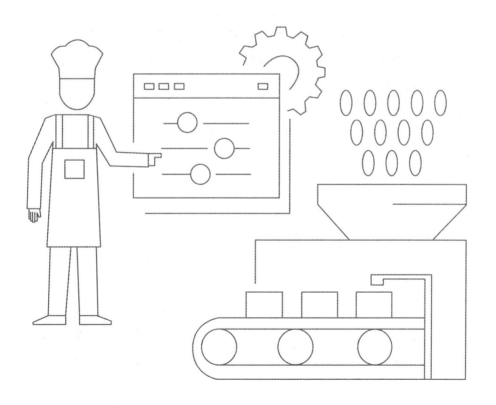

第一节　真空冷冻干燥

一、真空冷冻干燥概述

当前，随着生活品质的提高，消费者开始逐渐追求食物的品质、营养、方便、享受等特点，食品行业也呈现出绿色、营养、方便等发展趋势。真空冷冻干燥（freeze-drying，FD）在食品行业的应用被喻为 20 世纪食品工业技术进步的重要标志之一，该技术是国际上公认的可以最大限度保留食物原料组织结构和营养功能的高品质干燥加工手段。真空冷冻干燥是利用原料中水分升华原理，将含水物料冻结到共晶点温度以下，并在真空条件下升温，以达到水分直接升华形成蒸汽并从物料中排出的效果。该过程一直处于低温、真空和低氧环境，极大地抑制了好氧微生物的繁殖和某些生物酶的活性，保留了原料中生物活性成分和热敏性成分，确保真空冷冻干燥产品的色泽、风味和外观形状基本不变，最大限度地保留了物料中维生素、矿物质、蛋白质和酚类等营养成分。同时，真空冷冻干燥可以去除物料中 90%～95% 的水分，使产品实现了常温下的长期保存与便捷运输。因此，真空冷冻干燥能够同时满足绿色天然、营养保持、功能稳定和方便即食等新时期食品发展的诉求，这一技术的开发与利用对中国食品产业高质量发展具有重要的推动作用。

（一）真空冷冻干燥的原理

不间断的热量供应和蒸汽排出是维持升华干燥不间断进行的两个基本条件。冷冻过程中可施以真空泵的负压力，不断地排出蒸汽。起初，物料本身具有较高的温度，升华过程中需要的潜热可以取自本身具有较高温度的物料，但是在没有外界供热的条件下，一旦物料温度降至与干燥室蒸汽分压相平衡的温度，升华干燥便会停止。而在外界供热的条件下，如果升华生成的蒸汽无法及时排出，物料温度会随着蒸汽分压的升高而升高，当温度升至物料的冻结点时可融化物料中的冰晶，进而导致冷冻干燥停止。升华干燥本质上是一个传热和传质同时进行的过程，即传热过程是供给热量，传质过程是排出蒸汽。在这一过程中，升华界面的温差是传热驱动力，而升华界面与蒸汽捕集器（或冷阱）之间的蒸汽分压差是传质驱动力。因此，传热速率随温差的增大而加快；传质（蒸汽排出）速率随蒸汽分压差增大而加快。

保持产品优良的品质和较快的干燥速率是冷冻干燥过程中的基本要求。被干燥的物料表面的热源必须通过外界传热过程完成。然后，物料内升华的实际发生处则通过内部传热过程完成。该过程中产生的水蒸气必须通过内部传质过程到达物料的表面，再通过外部传质过程转移到蒸汽捕集器（冷阱）中。整个升华干燥过程中的任一过程或者几个过程中出现的问题，都可能使干燥无法顺利完成。它是由冷冻干燥设备的设计、操作条件及被干燥物料的特征决定的。因此，为了获得更高效的干燥速率，人们在操作时必须同时提高传热效率、传质效率，增加单位体积冻干物料的表面积。水有三种相态：固态、液态、气态。根据热力学中的相平衡理论，随压力的降低，水的冰点变化不大，而沸点越来越低，向冰点靠近。当压力降到一定的真空度时，水的沸点和冰点重合，冰就可以不经液态而直接转化为气态，这一过程称为升华。而在低温低压条件下进行的食品真空冷冻干燥，就是利用升华脱去食品中冻结的水分，即在水的三相点以下。

（二）真空冷冻干燥食品特点

真空冷冻干燥食品中热敏性及易氧化组分得以保存完好，基本可以保证物料的色泽、风味、营养品质和生物活性成分免受损失。

真空冷冻干燥食品基本可以保持物料原有的组织结构和基本骨架，具有物料天然的形状和酥脆口感。

真空冷冻干燥食品具有冰晶升华留下的多孔结构，这种多孔结构可以使其具有速溶和快速复水等特点。

真空冷冻干燥作为共性关键技术，可以实现单一物料、复合物料、再造型制品及个性化创制食品等多品类真空冷冻干燥食品制造，满足人们对食品的多场景、个性化、方便即食和营养健康等需求。

真空冷冻干燥食品的水分一般为 2%～5%，具有较低的水分活度，有效地抑制了食品基质中微生物的繁殖，如同时进行惰性气体密封包装，可以有效地抑制其吸湿并防止脂肪氧化变质，延长产品的货架期和保质期。

真空冷冻干燥食品重量轻，可实现产品大批量的长途运输及销售，大大降低运输成本。

（三）真空冷冻干燥产业优势

产品品质优。真空冷冻干燥由于具有友好的加工工艺，使其产品具备了降低酶活，抑制微生物生长，物料基质不变质、不氧化，营养因子损失少等优点。与热风干燥相比，冻干具有明显的活性组分含量和组成保持的优势。相似地，冻干青稞与热风干燥青稞、微波干燥青稞、热泵干燥青稞相比，黄酮、γ-氨基丁酸、β-葡聚糖、多酚、核黄素等活性成分含量更高，且具有完整的细胞结构和最小的体积收缩率。同时，当使用真空冷冻干燥处理肉类、蛋类等食品时，冻干技术可以使蛋白质和其他脂溶性维生素（维生素 A、维生素 D）的损失率接近 0。

（2）技术适用广。真空冷冻干燥不仅在食品加工领域得到了广泛的应用，在中药材处理、生物制药等领域也占据了重要地位。在食品加工方面，真空冷冻干燥几乎可以对所有的农产品进行加工，包括果蔬类，如苹果、榴梿、桃、草莓、菠萝、蓝莓、西兰花、黄秋葵等；谷物类，如玉米、豆类、面类、杂粮、油料作物等；肉禽水产类，如畜禽肉、蛋、奶等；调味食品类，如葱、姜、蒜等；饮料类，如咖啡、果汁、蔬菜汁等；特色农产品类，如野生菌、食用菌、木耳等。在中药材处理方面，冻干处理的鹿茸材料较煮炸干燥法可以更有效地保持鹿茸中的脂溶性成分及色泽。邢颖 等发现冻干处理后的生姜叶中的黄酮、多酚及精油含量较阴干、晒干、烘干处理更高。在生物制药方面，冻干技术可以维持药品的稳定性，并更有效地提升药物的生物活性。真空冷冻干燥可以避免药品在处理过程中受到外界因素的影响，使药材的活性与品质得以保留。此外，相较传统的干燥技术中会浮现皱缩破损等缺陷，冻干技术由于采用了水分子直接升华的方式，不会对药物形成产生过大的破坏，同时可以保护药物生物化学结构。由于脱水过程在真空环境下进行，这大大减少了药物被空气污染的可能性，并易于贮藏运输。

可以说，冻干技术的研发、应用与推广可以延伸和拓宽农产品精深加工的广度和深度，大大提高农产品附加值和出口创汇能力，实现加工增值增效，延长农业产业链，提升农产品价值链。

二、真空冷冻干燥的发展

（一）真空冷冻干燥发展历史

自 20 世纪初真空泵与制冷机问世后，有人将两者结合，并于 1909 年首次实现了真空冷冻干燥的应用。1919 年，沙克尔（Shackell）利用真空冷冻干燥实现了菌种、病毒以及血清的稳定保存，实现了冻干技术最初的实际应用，并于第二次世界大战期间解决了人体血浆和抗生素的贮存和运输问题，自此真空冷冻干燥开始在生物制药和生物制品产业中迅速兴起。真空冷冻干燥在食品领域的应用起源于 20 世纪 30 年代，英国的弗雷迪（Fikidd）提出真空冷冻干燥在食品加工领域应用的可能性。20 世纪 40 年代，真空冷冻干燥食品的小型实验并获得成功。随着 1958 年第一届国际冷冻干燥会议的召开，针对冻干过程的物理生物学基础研究以及工业应用的优化引起了大量学者关注，并促进了真空冷冻干燥在食品行业的进一步推广。

20 世纪 60 年代中期，中国逐渐开始推动真空冷冻干燥食品的研究，并分别在北京、天津和上海等地建立真空冷冻干燥食品基地。

1965 年，原北京人民食品厂与北京食品工业研究所合力发展了针对果蔬以及肉类等物料的真空冷冻干燥实验研究，并开发出每日处理量 500 kg 物料的真空冷冻干燥设备。20 世纪 80 年代后期，跟随着全球真空冷冻干燥食品的迅猛发展，中国的真空冷冻干燥食品生产也乘上了快车并取得了长足发展，并于90年代实现了真空冷冻干燥工艺和控制水平的大幅度进步。之后，真空冷冻干燥引起了中国科研机构的广泛关注，国内相关的科研单位开始了研发系列真空冷冻干燥设备的征程。当前，中国已有几十个厂家具备食品真空冷冻干燥设备的制造能力。

（二）真空冷冻干燥装备发展历程

目前，美国 Millrock 科技公司、丹麦 Atlas 公司和日本共和株式会社在全球的真空冷冻干燥设备生产中占有一席之地。中国第一代冻干机的出现可追溯到1965年，该类型设备主要用于各种固态食品冻干，采用托盘／搁板方法，通过接触传热的方式实现升华，但存在冻干耗时长、生产效率低、托盘操作复杂和成本高等缺点。发展到第二代冻干机时，通过辐射提供升华热，并用双冷阱交替冷凝水蒸气和化霜的连续型冻干机大大缩短了食品冻干周期，降低了成本，但仍存在搁板温度不均匀、干燥速率低和水汽凝结效率低等缺点。近年来，在中国高等院校、科研院所和设备生产厂家的共同努力下，中国逐步拥有了真空冷冻干燥设备的自主设计和生产能力，并在国产化食品冻干装置方面取得了重大突破，如清华大学核能技术设计研究院研发的 TH–FD50 型冻干机、中科院兰州物理研究所自主研发的 DG 系列冻干机、东北大学机械工程学院研发的 LG 系列冻干机、广东省制冷学会食品保鲜工程开发中心研发的系列大型冻干机等。中国在真空冷冻干燥设备大型化方面的研制已接近国际先进水平，但仍需要不断优化真空冷冻干燥设备性能参数，提升设备的自动化、智能化程度，降低能耗。同时，组合冻干技术与设备不断出现，将是未来冻干研发的一个重要方向。

（三）真空冷冻干燥食品发展历史

1. 一代真空冷冻干燥食品——天然真空冷冻干燥食品

一代真空冷冻干燥产品主要指天然物料经简单前处理后直接冻干所获得的天然、单一的真空冷冻干燥食品。此类产品保留着原料的原汁原味，同时保持其纯天然特性和大部分生物活性成分，不添加任何"配料"，是目前国内市场上真空冷冻干燥食品的主力军。此类产品主要包括水果、蔬菜、香料以及药食同源植物，原料可直接食用，且风味浓郁，干燥处理后仍然可以保持良好的原味口感和较强的功能活性。一代真空冷冻干燥食品的食用方法丰富多样，包括即食、制粉等，产品面向大众，老少咸宜。虽然这类冻干产品零添加、少处理，保证了产品的天然属性，但是产品相对单一，营养不均衡全面，无法满足目前市场多元化需求。一代真空冷冻干燥食品的工艺技术主要停留在初处理工艺流程，包括对天然果蔬原料的择选、整理、清洗、切分等。由于原料的种类多样，差异较大，其加工条件、时间和处理方式等均不同。通常，新鲜果蔬需在采摘后 2～12 h 内处理完成，并及时进行冷冻，否则会影响原料的新鲜度、营养价值等。一般情况下，一代真空冷冻干燥冻干产品主要被切分为条状、块状、片状、粉状和丁状等形态，不同的形态也会影响冻干的时间和效率。

2. 二代真空冷冻干燥食品——调理真空冷冻干燥食品

二代真空冷冻干燥产品主要指在一代真空冷冻干燥食品的基础上经过调味处理获得的真空冷冻干燥食品，即调味真空冷冻干燥食品。各种天然或合成食品风味物质赋予真空冷冻干燥食品特殊风味。此类产品中肉禽、蔬菜冻干产品较多，弥补了原材料本身风味的缺陷，使其冻干产品具有馥郁浓厚的风味，同时不影响原料本身的营养价值。相较一代真空冷冻干燥食品，调味真空冷冻干燥食品实现了产品口味的多样性，丰富了产品呈现形式，带来了更多可能性。二代真空冷冻干燥食品在一代真空冷冻干燥食品加工工艺的基础上，进一步通过渗糖、调味、涂膜等加工工艺实现了改善原料风味的目的。例如，渗糖处理后的果蔬具有更好的口感、风味、质地。

（四）真空冷冻干燥发展趋势

1. 真空冷冻干燥装备发展趋势

（1）冻干品质形成机理与调控技术。首先是色泽、风味和质地等品质形成机理与调控技术。热风干燥的色泽变化通常与产品褐变（酶促或非酶促反应）或色素降解有关。不同于传统的热风干燥，冻干过程中的颜色变化可能是由于冻干样品中存在孔隙结构，这些结构散射了反射光，使得颜色发生改变。香气的保留是冷冻干燥提取物的主要优势之一，因此冻干技术被广泛应用于某些市场价值较高的咖啡粉或其他液体食品的生产加工。

在加工过程中，增加液体食品中可溶性固形物含量，可降低系统内芳香化合物的扩散性，从而限制香气成分在基质中的传输，在一定程度上减少冷冻干燥过程中的香气损失。由于水分被去除，冷冻食品的收缩或塌陷是升华阶段存在的主要问题。较低的升华压力（较高的真空度）通常可以降低食品的皱缩率，生产出具有较低堆积密度和更多孔结构的冻干产品。此外，在预冻阶段，冰晶的形成可能会破坏样品的细胞结构，从而导致产品质地更软。较慢的冷冻速度会导致更大的冰晶形成，从而破坏细胞的内部结构，形成更软的质地，而这种对各种水果组织完整性的破坏将导致水果样品硬度降低。

其次是营养功能品质形成机理与调控技术。由于冷冻干燥脱水过程是在没有液态水的情况下于低温条件下进行的，因此与传统干燥方法相比，冷冻干燥技术大大降低或消除了微生物活性和化学反应。部分学者研究发现，冷冻干燥样品中生物活性化合物（如总黄酮、黄酮醇、儿茶素和酚类）的损失微不足道。例如，Agudelo et al. 发现冷冻干燥的葡萄柚样品中酚类物质的保留率超过 90%。另外，冷冻干燥可以有效地保持酚类物质的贮藏时间。例如，Cheng et al. 发现真空冷冻干燥杨梅粉贮藏 50 d 后，其总多酚含量也很高，说明冷冻干燥技术有利于保持粉末中多酚的稳定性。

（2）预处理节能低碳技术。物料预处理可以有效提高干燥效率，达到优化产品品质、降低能耗、减少碳排放的目的。例如，在冻干前，人们可采用超声波预处理，通过超声波与介质之间相互作用所产生的热能和超声波空化效应，在物料中形成微孔道，如此可以快速去除物料中部分水分，缩短干燥时间，达到降低能耗的效果。此外，结合高压脉冲电场处理，可以在物料组织结构不被破坏的基础上提高细胞膜的通透性，从而有效缩短冻干时间，降低运行成本；对冻干物料进行真空冷却预处理，可以于物料表层形成微孔通道，从而降低物料内部冰晶升华阻力，提高升华速度，缩短干燥时间。

（3）真空冷冻联合干燥技术。真空冷冻干燥与其他干燥技术联合，可以弥补单一冻干技术能耗高的缺点，同时可以获得高品质干燥食品。真空冷冻干燥联合干燥技术是根据物料的基本特性，将两种或两种以上的干燥技术以优势互补为原则，分阶段对物料进行脱水，以降低物料干燥的运行成本，提高干燥产品的品质并最大限度保留物料的理化性质。例如，真空冷冻—热风联合干燥与单一冻干技术相比，具有较低的总能耗量，同时产品的细胞特征与单一冻干产品中的细胞特征相一致；微波—真空冷冻联合干燥处理甘蓝比单一冻干时间短，且对产品有明显的杀菌效果。

（4）高效节能低碳真空冷冻干燥设备创制。如上所述，能耗是冻干中一个长期存在的问题，由于电加热系统主要为湿物料的固态水升华提供能量，仅由数个电加热器组成，故其节能改造空间相对较小。而目前国内真空冷冻干燥设备的制冷系统一般采用双级压缩机制冷系统以及重叠压缩低温制冷系统，前者主要适用于大型中式真空冷冻干燥设备，以水冷形式工作，后者则主要适用于小型真空冷冻干燥试验型设备，以风冷形式作业，两种作业方式均需要配置风机以及水泵。为了达到节能低碳的目的，新型的制冷系统可以利用变频水泵和变频风机来代替传统的定频水泵和定频风机。此外，鉴于小型冻干机以及中大型冻干机的容量差异，可以采用变容量压缩机，如在小型试验真空冷冻干燥设备上采用涡旋式压缩机来代替活塞式压缩机，而在中大型中式设备上利用螺杆式压缩机替换活塞式压缩机，从而使压缩机与真空冷冻干燥机的能量匹配，达到降低能耗的目的。未来真空冷冻干燥设备将不断实现自动化、数字化、连续化和智能化，从而更加高效、节能、低碳。

2.真空冷冻干燥食品发展趋势

（1）三代真空冷冻干燥食品——重组真空冷冻干燥食品。三代真空冷冻干燥产品主要指通过破碎打浆、均质、复配以及再造型等手段，以不同原料的天然营养配比为指导，将含有多种营养素的水果、蔬菜、谷物等原料通过一定处理，并以一定方式混合重组所获得的具有多维度营养功能的真空冷冻干燥产品，即重组真空冷冻干燥食品。重组真空冷冻干燥食品突破了单一原料天然营养的限制，实现了多种原料、多种营养、不同形状、多维感官的创新。重组真空冷冻干燥食品可以通过分析食材天然营养素的含量与比例，对感官品质和营养功能成分互补的不同原料进行搭配组合，实现真空冷冻干燥食品的全面均衡营养，为未来实现营养健康设计制造真空冷冻干燥食品奠定基础。目前，三代真空冷冻干燥食品在市场上得到高度重视和推广，产品形式主要以重组脆片、脆块、脆条、脆棒、溶豆、速冻粉等为主，可以通过即食、咀嚼、冲饮、吞咽等方式食用，拥有广泛的受众。由于三代真空冷冻干燥食品已经打破了原料的天然形态，所以根据不同的原材料需求，人们需要选择不同程度的破碎度以及粒径。目前，市场上已经出现了冻干蓝莓酸奶块、冻干芒果酸奶块等新型冻干产品，并逐渐成为主流冻干产品。

（2）四代真空冷冻干燥食品——营养健康设计制造真空冷冻干燥食品。四代真空冷冻干燥食品是在三代真空冷冻干燥食品的基础上，突出营养均衡、功能突出、色香味俱全、聚焦特需人群等特点，实现更多食品品类的融合。其以实现真空冷冻干燥食品营养健康精准设计制造为目标。目前，市场上此类产品逐年增加。相较于第三代产品，四代真空冷冻干燥食品将实现水果、蔬菜、谷物、肉类等精准配伍，同时通过居民膳食指南来平衡真空冷冻干燥食品的营养素比例和成分，提供科学的人体营养素结构，科学避免营养过剩或不足的现象。此类产品主要针对婴童、青少年、中老年人，以及特需人群。四代真空冷冻干燥食品将以方便即食、冲调粉、功能片剂、胶囊内容物等产品形成出现，可通过咀嚼、冲调、吞咽等方式食用。此类真空冷冻干燥食品的表现形式将为特定人群、特殊用途、特殊环境等提供更多的可能性，具有广阔的发展前景。

（3）五代真空冷冻干燥食品——精准个性化定制真空冷冻干燥食品。五代真空冷冻干燥食品是在四代真空冷冻干燥食品的基础上，进一步向精准营养功能调控和个性化定制方向发展，针对不同个体营养健康状况的精准分析，采用大数据分析和精准营养素复配等手段，以改善个体消化系统状况和身体健康为目标，精准设计制造的针对个体目标的真空冷冻干燥食品。五代真空冷冻干燥产品相较其他真空冷冻干燥食品更加强调针对特需人群的专一性、个体性和精准设计制造，并更加注重产品的功效、场景、文化、享受等属性，主要以休闲食品、功能片剂、冲调粉、胶囊内容物或3D打印制造食品等形式呈现，可通过咀嚼、冲调、吞咽等方式食用。此类食品提供的是个体精准化服务，这是未来真空冷冻干燥市场的发展方向。

三、真空冷冻干燥对食品品质的影响

（一）真空冷冻干燥对食品质构特性的影响

食品的质构特性包括食品的硬度、脆度、弹性、咀嚼性、收缩率，直接反映了人们在食用时的口感。王迪 等对比研究了不同干燥方式对黄秋葵脆条硬度、脆度和收缩率的影响，结果表明，真空冷冻干燥黄秋葵脆条样品硬度最小、脆度最好、收缩率最小。对比不同干燥方式下的梨干质构特性，可以发现真空冷冻干燥梨干样品硬度和弹性较小，这可能是因为真空冷冻干燥的梨干内部细胞变形、破裂和分离，内部呈疏松多孔海绵状，细胞膨压部分丧失，样品组织骨架遭到破坏，但是真空冷冻干燥后梨干的咀嚼性为1.93 mJ，与鲜样的咀嚼性（2.19 mJ）较为接近。因此，真空冷冻干燥后的样品具有硬度低、脆度高的特点。

（二）真空冷冻干燥对食品色泽的影响

色泽是评价食品干制后感官品质的重要指标之一，色泽得分在食品总的质量评价中约占总分的 45%。对比不同干燥方式对黄秋葵、枣粉、柠檬、苦瓜等干燥后色泽的变化情况可以发现，真空冷冻干燥后的样品具有较佳的色值。对于易氧化褐变的食品，真空冷冻干燥过程中温度低，氧化褐变发生概率小，可最大限度地保持产品的色泽。另外，干燥过程的低温环境对酶促褐变和非酶促褐变均有抑制作用。

（三）真空冷冻干燥对食品中糖分的影响

糖分是食品中的主要营养成分。高炜 等对比了冷冻干燥、热风干燥、红外干燥及真空干燥对柠檬片中还原糖含量的影响，发现这几种干燥方式对柠檬片还原糖含量均具有显著性影响，其中采用真空冷冻干燥与热风干燥时还原糖含量较低，无显著性差异。李亚欢 等试验结果显示干燥方式对银耳总糖、多糖及还原糖含量影响大，冷冻干燥的银耳总糖和多糖含量均最高，但是还原糖含量比热风干燥的还原糖含量低。王迪等的研究表明，真空冷冻干燥的黄秋葵相比其他干燥方式具有更高的多糖含量，真空冷冻干燥一直处于真空条件下，且温度相对较低，对多糖破坏小，而热风干燥和红外干燥所需温度高、时间长，在较高的温度下，多糖易发生降解。唐秋实 等研究了干燥方式对杏鲍菇总糖含量的影响，结果表明，干燥方式对总糖含量影响较大，原因在于不同干燥方式致使杏鲍菇中糖组分相互转化和分解，真空冷冻干燥则能较好地保留糖组分。黄忠闯 等热风干燥杞果总糖保留率为 67.99%，真空冻干杞果总糖保留率为 85.66%。因此，真空冷冻干燥可以有效保留食品中的总糖、多糖组分，但是还原糖含量可能会由于长时间的干燥而降低。

（四）真空冷冻干燥对食品中蛋白质的影响

李宝玉 等研究了不同干燥方式对香蕉品质的影响，发现干燥方式对香蕉中蛋白质含量具有显著影响，与鲜样相比，变温压差膨化干燥、真空冷冻干燥、真空干燥、传统油炸干燥处理后的香蕉蛋白质含量降低，这一方面可能是前处理过程中部分水溶性蛋白质溶出所致，另一方面可能是受蛋白质盐析的影响。周鸣谦 等通过对比不同干燥方式对莲子蛋白质含量的影响，发现干燥方式对莲子中蛋白质含量影响不大，可能是因为莲子蛋白质本身稳定性较好，常规温度加工不易造成损失。由此可见，真空冷冻干燥方式对食品中蛋白质含量的影响与食品品种有很大的关系。

（五）真空冷冻干燥对食品中维生素 C 的影响

维生素 C（VC）是大多数果蔬中的基本成分，不仅可以预防疾病如坏血病，还是一种生物抗氧化剂。在食品加工过程中，VC 对加工条件比较敏感，会随着 pH、温度、光照、酶、氧气和过渡金属离子交换剂等变量的变化而降解。因此，许多学者的研究都会将加工过程 VC 含量的变化作为品质指标来考查。叶磊 等研究了热风干燥和真空冷冻干燥对桑葚果粉 VC 含量的影响，结果发现，热风干燥温度高于真空冷冻干燥，对 VC 破坏作用较大，这两种方式的 VC 保留率分别为 37.47% 和 97.97%，说明真空冷冻干燥更有利于保持桑葚中的 VC 含量。周国燕 等比较了不同真空冷冻干燥和热风干燥工艺下猕猴桃 VC 的损失率，结果表明，冷冻干燥的猕猴桃 VC 损失率大大低于热风干燥，冷冻干燥后的柠檬片 VC 含量是 60 ℃热风干燥的柠檬片 VC 含量的 1.9 倍。VC 是一种极不稳定的营养物质，对光、热、氧敏感，易反应分解，真空冷冻有利于 VC 的保留，原因在于低温、真空条件下避免了高温对维生素的破坏。

刘霞 等对比了不同干燥方式对毛豆中 VC 含量的影响，结果显示，冷冻干燥后毛豆中 VC 含量比热风干燥提高了约 2.3 倍。以上研究结果表明，真空冷冻干燥会使食品中的 VC 含量降低，但是不同食品种类，VC 含量损失率不同。尽管真空冷冻干燥过程真空度低、温度低，但是真空冷冻干燥时间较长，且有氧气存在，而 VC 对温度和氧气比较敏感，因此长时间的真空冷冻干燥过程会使食品中的 VC 含量降低，而不同的食品物料，真空冷冻干燥温度不同，可能会导致 VC 损失率不同。

（六）真空冷冻干燥对食品中总酚和总黄酮含量的影响

植物中的总酚和总黄酮是植物的次生代谢产物，具有较强的抗氧化活性，能够有效清除自由基，抑制脂质过氧化，保护机体生物大分子，减少和清除自由基。植物抗氧化活性的高低与植物中的总酚和总黄酮含量有显著正相关关系。不同的干燥方式对总酚和总黄酮含量有不同的影响。邓媛元 等研究了不同干燥方式对苦瓜总酚和总黄酮含量的影响，结果表明，热干燥方式（热风、微波、热泵、真空干燥）的总酚和总黄酮含量均相对较高，且抗氧化活性明显高于非强热干燥方式（日晒和真空冷冻干燥）。郭泽美 等对比不同干燥方式对葡萄皮渣中总酚含量的影响，结果显示，真空冷冻干燥后葡萄皮渣中总酚含量最低为 47.63 mg/100 g，而烘干后总酚含量最高为 88.84 mg/100 g。这可能是多酚氧化酶的作用，多酚氧化酶在室温条件下最活跃，而高温会抑制其活性。真空冷冻干燥虽然其活性在低温下受到抑制，但真空干燥过程中的回温温度条件较为温和，加之多酚氧化酶的作用，从而使苦瓜及葡萄皮渣中多酚类化合物降解。此外，干燥时间对皮渣多酚化合物含量有直接影响。这是由于在干燥过程中，葡萄皮渣与氧气充分接触，多酚氧化酶对多酚化合物的氧化起催化作用，干燥时间越长，多酚氧化酶作用时间也越长，多酚化合物因氧化损失也就越多。但是，对比不同干燥方式对刺梨果黄酮含量的影响，冷冻干燥后刺梨黄酮含量最高，对比鲜刺梨提高 81%。这可能是因为真空冷冻干燥前期的速冻使样品内部形成了冰晶，冻干物料细胞破裂，从而造成黄酮类物质的溶出。

综合以上研究结果，真空冷冻干燥的各种食品中总酚含量、总黄酮含量变化不一致，这一方面与干燥条件有关，另一方面也与物料自身的组织结构特性有关。

四、真空冷冻干燥在食品加工中的应用

（一）真空冷冻干燥在黄秋葵中的应用

1. 真空冷冻干燥在黄秋葵嫩果干燥中的应用

目前市面上可见的黄秋葵干燥制品的产品形式比较单一。国内对黄秋葵的研究还是主要集中在培育方式、种植条件、嫩果保鲜等方面，对其加工制品，尤其是干制品的研究较少。近年来有一些黄秋葵脆条产品出现，但是这些产品大多采用热加工工艺（热风干燥、微波干燥等），制得的干制品在色泽、风味和营养价值方面都有大量损失，市场受众并不广泛。朱映华 等研究了各种干燥方式下的黄秋葵脆果品质，包括脆条的硬度、脆度、色泽、收缩率以及总黄酮、总酚和多糖含量，结果发现，采用真空冷冻干燥的黄秋葵脆条在感官特性和营养价值方面具有显著优势。具体如下：

（1）干制品收缩率仅有 24% 左右，明显低于红外干燥（77%）、热风干燥（82%），产品维持良好的外观；脆度为 380 g 左右，硬度为 1 256.6 g，相比热风干燥、微波干燥，产品硬度低、脆度高。

（2）干制品色泽良好，冷冻干燥后的黄秋葵脆条亮度 L 值相比其他干燥方式下的产品，色泽氧化变暗的程度最低。

（3）干制品样品中多糖含量达 69.28 mg/g，在所有干燥工艺下的黄秋葵脆条中多糖保留率最高。

徐康 等发现不同干燥方法获得的黄秋葵果实中黄酮、总酚含量均以冷冻干燥果实含量最高，VC 含量与新鲜果实无显著性差异。因为真空冷冻干燥时加工的真空和低温环境抑制了多酚氧化酶的活性，同时抑制了VC 的有氧氧化，减缓了无氧氧化，减少了多酚和 VC 的损失，保证了干制黄秋葵脆条的抗氧化活性。

真空冷冻干燥黄秋葵脆条是在真空、低温、隔氧环境下将黄秋葵中的水分通过升华的方式脱除，既不破坏组织结构，也不降低果胶、膳食纤维等营养物质的含量，还能最大限度地保护抗氧化成分 VC 等不被氧化，保证抗氧化活性，是一种营养价值高的便捷式休闲食品，具有广阔

的市场开发前景。

2. 真空冷冻干燥在黄秋葵粉末制备中的应用

黄秋葵营养物质极为丰富，近年来，越来越多的研究人员尝试将黄秋葵干燥粉碎制成黄秋葵袋泡茶和黄秋葵调味品，也有将黄秋葵粉添加到其他食品中，制成具有特殊保健功能的食品，如黄秋葵面包、黄秋葵面条、黄秋葵功能性饮料等。但黄秋葵中的营养物质极易氧化，采用一般的干燥方式会造成这些功能性物质的大量流失，所以黄秋葵粉的干燥工艺成为研发这些新产品的关键步骤和要攻破的技术壁垒。

王莹 等研究了真空冷冻干燥及热风干燥对黄秋葵超微粉品质的影响，发现真空冷冻干燥黄秋葵粉溶解度达到 20% ～ 40%，远高于热风干燥的黄秋葵粉末；真空冷冻干燥黄秋葵粉维生素和叶绿素含量分别达到 200 mg/100 g 和 1.5 mg/g，同样远高于热风干燥的黄秋葵粉末；真空冷冻干燥黄秋葵粉对 O_2 自由基和 DPPH 的清除能力最高可达 90% 和 80%，显著高于热风干燥处理下的黄秋葵粉产品。尽管以上特性会随着黄秋葵品质的不同呈现一定的差异，但总体来看真空冷冻干燥技术在黄秋葵粉末的制备中能够保证产品较高的溶解度、维生素含量和较强的自由基清除能力，在同类干燥技术中占有绝对的优势和发展潜力。

3. 真空冷冻干燥在黄秋葵多糖提取中的应用

黄秋葵多糖是黄秋葵黏液的主要成分，是一种高分子酸性多糖，在黄秋葵果荚发育成熟过程中，多糖随生长时间累积增加，其含量为 10.35% ～ 16.895%。黄秋葵多糖是一类高分子酸性多糖，主要由鼠李糖和半乳糖组成，另有少量的阿拉伯糖和甘露糖等。近年来，黄秋葵多糖主要作为载体和稳定剂广泛应用于医药和食品工业，具有改善面团品质、抗氧化、抗疲劳、降血脂、调节免疫力、抑制肿瘤的作用。黄秋葵多糖目前的提取方法有溶剂提取法、酶辅助法、微波辅助法和超声辅助法等。王建蕊的研究表明在黄秋葵多糖的提取中，超声波辅助提取法的效果要优于其他方法，多糖的得率更高。真空冷冻干燥技术可用于辅助提取黄秋葵多糖，低压的环境使得黄秋葵多糖有更强的复水性，同时能保护多糖不被氧化分解，保证黄秋葵多糖的产品品质。陈洁 等将采用上述方法提取的黄秋葵多糖用于改善冷冻面团的质构，发现面团的硬度降低了 39.82%，弹性和内聚性分别增大了 35.99% 和 26.90%，硬度明显降低，弹性和内聚性明显增强。采用冷冻干燥技术辅助提取的黄秋葵多糖能够作为面粉改良剂，显著改善面团的特性，有广阔的市场前景。

（二）真空冷冻干燥在蓝莓中的应用

蓝莓，又名笃斯、黑豆树、都柿、甸果、地果、龙果、蛤塘果、讷日苏、吉厄特与吾格特等，为杜鹃花科越橘属多年生低灌木。蓝莓样品在 -23 ℃ 下用氯化钙处理 1 h，使用 Freezemobile24-Unitop 干燥机进行冷冻干燥，真空压力为 20 mmHg，加热板温度为 20 ℃，冷凝器温度为 -60 ℃，将水分含量降至 5.0% 所需的干燥时间为 72 h。经过真空管冷冻干燥之后，蓝莓干内含的鞣花酸为 0.257 mg/g，槲皮素糖苷为 3.32 mg/g，总多酚和总花色素保留量较高。

（三）真空冷冻干燥在固体饮料中的应用

固体饮料是指以糖、乳及乳制品、蛋及蛋制品、果汁或食用植物提取物等为主要原料，添加适量的辅料和食品添加剂制成的每 100 g 成品水分不高于 5 g 的固体制品。真空冷冻干燥可以很好地保持食物的色、香、味及形态，使得其在固体饮料的加工中占有很重要的地位。

（1）真空冷冻干燥在速溶茶饮料中的应用。施郁荫 等对冻干速溶绿茶粉的工艺展开研究，最佳工艺制得的产品具有光泽，在冷水中便可溶解，汤色清澈透明，具有原茶风味，滋味平和。杨转 等研究发现真空冷冻干燥提取的普洱速溶茶粉具有较好的冲泡性和品质，汤色澄清嫩绿亮，滋味鲜醇、厚实。孙艳娟 等采用真空冷冻干燥制作速溶茶，产品颜色黄亮透明，茶味厚重，略带甘甜。

（2）真空冷冻干燥在果蔬固体饮料中的应用。孟宪军 等将保加利亚乳杆菌和嗜热链球菌混合发酵的复合蔬菜浆制成固体饮料，发现真空冷冻干燥的产品流动性良好，色泽鲜艳，营养丰富。曹雪丹 等在正交试验下优化了蓝莓汁固体饮料的制作工艺，通过真空冷冻干燥制得的产品风味独特，口感酸甜，较好地保留了花色苷等营养成分。

（3）真空冷冻干燥在其他固体饮料中的应用。陈三宝以咖啡粉为原料，经热水提取、冷冻干燥工艺制成的冻干咖啡片硬度适当，片型完整，溶解迅速，具有较速溶咖啡更好的风味、复水性。叶坤鸿等在鹌鹑蛋蛋白固体饮料的研制中，发现真空冷冻干燥下处理的产品为粉末状，呈浅黄色，溶解性好，有鹌鹑蛋清香，具有高蛋白、天然保健的特点。

第二节　热风干燥

一、热风干燥概述

（一）热风干燥机理

热风干燥（hot-air drying，HD）是一种通过热风对物料进行干燥的工艺，其主要以热风为传热的介质，进行水的传质和物料间的传热，使物料内部的水分慢慢蒸发出来。此干燥方法通过热风与食品接触后，将热量传递到食品表面，再由食品表面缓慢向内部扩散。热风干燥利用介质传热将能源转化为热媒，其形成的热空气与物料接触可将热量传给物料，物料内部水分转移到外部。当物料达到一定的含水量时，水分迁移的过程就会趋于停止。同时，受热物料表面温度高于物料中心，形成温度梯度，会阻碍水分从中心往表面转移，从而导致热风的干燥速率较慢，物料的表皮易硬化。热风到达干燥室后，通过温度控制系统将物料中的水分蒸发，使其变成干制品。

（二）热风干燥的传质与传热过程

在物料进行热风干燥的过程中，传质过程由内向外，水分从物料的内部蒸发出来，热量跟随热风从外向内传递。

当前，学者对传热的研究一方面是为了在干燥过程中提高传热效率，进一步减小设备尺寸、节省费用；另一方面是为了提高保温效果、减少能量损失。热风干燥在传热传质的过程中，热量从外部向内部传递，水分从内部向外部蒸发。当水分还未全部转移出来时，物料的外壳就已经风干硬化，阻碍了内部水分的扩散。

二、油料作物热风干燥特性

（一）大豆热风干燥特性

大豆又称菽、黄豆，是中国主要油料作物之一，也是优质蛋白质的主要来源。大豆作为一种营养平衡的食物，具有较高的食用价值和经济价值，在人们的日常生活及生产中占据重要地位。大豆富含蛋白质、脂肪、异黄酮以及多种维生素，其中大豆油脂主要由脂肪酸、磷脂和不皂化物组成，不含胆固醇，不饱和脂肪酸含量高达80%，亚油酸和油酸含量分别占不饱和脂肪酸的35%～60%、20%～50%。随着大豆进口数量逐年增加，进口大豆已取代国产大豆成为中国食用植物油原料的主要来源，但进口大豆的抗霉变特性明显低于国产大豆，这也加剧了霉菌对大豆安全贮藏的危害。因此，如何防止大豆霉变已经成为大豆加工、贮藏过程中亟待解决的问题。大量学者的研究表明，通过干燥降低大豆中的水分可以有效降低大豆的霉变率，这对大豆的安全贮藏以及提高大豆品质具有重要意义。Defendi et al. 和 Rafiee et al. 对大豆薄层干燥特性进行研究，发现大豆的干燥速率受温度影响较大，初始含水率其次，风速对干燥速率影响较小，风速在0.6～2.5 m/s变化对干燥动力学曲线没有显著影响，且在整个干燥过程中没有观察到恒速阶段。Hauth et al. 测定了大豆在干燥过程中的物理性质，得到除当量直径外，其余物理性质（体积密度、球形度、圆度和表面积/体积比）随含水率的降低呈线性增加。

（二）油菜籽热风干燥特性

油菜籽是中国主要油料作物之一，也是世界上蛋白质和植物油的主要来源，具有非常高的营养价值和较大的开发利用价值。油菜籽成熟期正处于南方的梅雨季节，刚收获时的水分高达 15%～30%。由于油菜籽颗粒小、粒间间隙小、传热性偏差，其难以挥发水分。若不及时干燥或者干燥方式不合理，容易导致油菜籽发生霉变，进而产生亚麻苦苷酶和芥子酶，这会对人体健康造成很大威胁，严重时会引起食物中毒。因此，去除油菜籽中的水分是保证油菜籽制油品质及贮藏安全的重要加工环节。目前常见的油菜籽干燥方法是热风干燥。杨玲 等、Le et al. 研究了不同热风温度、初始含水率和风速条件下甘蓝型油菜籽的热风干燥特性，结果表明油菜籽热风干燥过程没有出现明显的恒速干燥阶段，干燥主要发生在降速干燥阶段，并且热风温度是油菜籽热风干燥的主要影响因素。Thakor et al. 通过研究得到恒温条件下油菜籽的干燥曲线呈指数型，而升温条件下油菜籽的干燥曲线呈下降趋势。此外，该研究还发现水分含量较高（4.3% 及以上）的油菜籽随着干燥的进行，其尺寸先增大后减小。Kumar et al. 和杨国峰 等分别对油菜籽热风干燥后的品质进行研究，得到发芽率和种子活力指数在干燥至 55 ℃时变化不显著，在 55 ℃以上时急剧降至 16%～20%，且油菜籽在空气相对湿度 60% 和温度 25 ℃的贮藏条件下，可以安全贮藏超过 7 个月。

（三）花生热风干燥特性

花生又称落花生、地豆，是中国重要的油料作物之一，同时是中国为数不多的具有强劲国际竞争力的大宗农产品之一。花生的含油量高达45%～50%，比大豆、油菜籽、油茶籽的含油量都高。花生采摘时正处在高温潮湿的夏季，因此刚收获的花生含水量很高，不易于贮存，如果不及时进行后续的干燥处理，花生容易发生霉变，进而产生具有致癌性的黄曲霉毒素。目前，花生收获后常采用不受环境、场地等外界条件限制的热风干燥。朱凯阳 等研究不同干燥方式对新鲜花生营养成分的影响，发现热风干燥因热风具有一定的流动性，使得干燥温度相对均匀，故干燥后花生的脂肪保留率较高。杨潇 等研究发现在花生热风干燥特性曲线中没有恒速干燥阶段，且整个干燥过程中只有刚开始有短暂的预热过程，此后，干燥速率随时间延长而逐渐减小。林子木 等选取不同干燥温度和风速对花生进行薄层热风干燥研究其干燥特性，结果表明，干燥温度和风速越高，花生干燥速率越快，干燥用时越短，且干燥温度对花生干燥速率的影响大于风速的影响。Qu et al. 和杜琪 等研究发现高温会提高花生的红种皮破损率和籽粒破损率，导致花生种子质膜结构遭到破坏，并抑制种子的萌发和胚芽生长。Araujo et al. 研究得到花生在热风干燥过程中，其堆积密度、千粒重量、球形度等物理性质都有所降低，但孔隙率和表面 / 体积比值随着水分含量的降低而增加。

（四）芝麻热风干燥特性

芝麻又称胡麻、油麻和脂麻，是中国重要的油料作物之一。芝麻富含较多的脂肪、蛋白质和多种维生素，还含有芝麻酚、芝麻素等木脂素类生物活性成分，并且其含油量高达 50% 以上，主要含油酸、亚油酸、棕榈酸等。因此，芝麻因营养价值高、口感温和、味道怡人，又被誉为"油料皇后"。芝麻种皮偏薄，子叶较嫩，新收获的芝麻水分含量较高，在贮藏过程中不容易散热，易导致发热和霉变。因此，人们需要通过干燥的手段来快速降低芝麻水分，保证芝麻的贮藏安全，提高芝麻干燥后的品质。刘兵戈 等比较了真空干燥、冷冻干燥和热风干燥后芝麻仁的品质，得到真空干燥和冷冻干燥所需时间较长、能耗较高、产量较小且生产率较低，从经济效益考虑，热风干燥是芝麻较为合适的干燥方式。此外，刘兵戈还发现芝麻仁热风干燥速率呈先上升后下降的趋势，且整个过程无明显的恒速干燥阶段。Khazaei et al. 对芝麻薄层干燥特性进行研究，发现水分含量随着干燥时间的延长而不断下降，且干燥曲线由降速阶段和恒速阶段组成。热风温度不仅影响着干燥速率，也对作物中的营养成分造成影响。范方婷 等研究了不同热风干燥条件下芝麻外观形态以及营养成分含量的变化，结果表明，芝麻中的营养成分在 60 ℃时损失较小，随着干燥时间的增长以及干燥温度的升高，芝麻蒴果皮、芝麻粒的颜色变深，硬度和开裂程度增加。

（五）油茶籽热风干燥特性

油茶籽又称山茶籽，是中国具有代表性的传统木本油料作物，具有广阔的应用前景。油茶籽油中亚油酸、油酸、亚麻酸等不饱和脂肪酸的含量较高，其中油酸含量高达 85% 以上，且不含芥酸，比其他食用油更加耐贮藏，不易酸败，是一种优质的食用油。油茶籽在南方种植范围较多，采摘时处于南方阴雨天气，高水分含量油茶籽容易发生霉变，破坏茶油的品质。为此，不少学者对油茶籽的干燥方法进行研究，如热风干燥、微波干燥、微波真空干燥、热泵干燥等。热风干燥成本低、易于操作，且干燥后的油茶籽在贮藏过程中的酸价和过氧化值变化较小，品质较好。因此，热风干燥是油茶籽加工的首选干燥方法。门凯阳研究了热风温度和加载密度对油茶籽热风干燥过程的影响，发现油茶籽热风干燥过程主要由加速阶段和降速阶段组成，没有明显的恒速阶段，且干燥过程主要受作物内部水分扩散的控制，热风温度是影响干燥过程的主要因素。刘增革 等在对油茶籽热风干燥的研究中发现高温是油茶籽表面粗糙、疏松的主要原因。因此，在油茶籽热风干燥中，控制热风温度对油茶籽干燥后的品质尤为重要。张喜梅 等研究得出油茶籽在热风温度在 70 ℃条件下需要干燥 20 h 以上。王飞 等研究发现，热风温度越高、干燥时间越长，油茶籽油中的苯并芘含量越多，易造成苯并芘超标。

（六）油莎豆热风干燥特性

油莎豆又称虎坚果、地下核桃等，其果实高产、优质、综合利用价值高，因此开发潜力巨大。油莎豆富含油脂、蛋白质、淀粉、纤维素以及多种矿物质，并且含有高水平的磷、钙和酚类化合物。油莎豆在收获时处在雨热同期，因此，刚收获的油莎豆需要及时干燥至安全贮藏水分来避免霉变。目前，国内应用较多的油莎豆干燥方法是热风干燥。Li et al. 以干燥时间、色差值、硬度等为实验指标，考察热风干燥中温度、湿度和风速对油莎豆干燥特性的影响，研究表明温度对油莎豆各实验指标影响较显著，湿度和风速次之。朱文学 等在对油莎豆热风干燥的研究中发现干燥过程主要为降速阶段，恒速阶段出现在干燥后期，且风温越高，干燥速率越快，干燥时间越短。此外，朱文学认为油莎豆的表皮较硬、组织致密，且干燥过程极易发生收缩形变，会在一定程度上影响干燥速率。为了消除油莎豆表皮对干燥速率的影响，陈鹏枭 等以湿法脱皮的油莎豆为实验对象，研究其热风干燥特性以及脱皮后所制取油脂的品质，结果表明在实际加工应用时，热风温度设定在 60 ℃较为合适；随着热风干燥温度升高，亮度值、泛红度会降低，硬度会升高，油莎豆油的酸价和过氧化值有所增加，但都优于自然干燥。Aba-no et al.研究发现油莎豆的热风干燥遵循前 3 h 恒定干燥之后呈降速干燥，且将油莎豆劈裂、粉碎可以有效加快干燥速率，提高能效。

通过研究油料作物的物性参数、干燥介质参数与干燥效果之间的关系，人们可以明晰油料作物的干燥特性，从而选取较优的干燥工艺参数范围，得到较好的干燥品质。

第三节　微波干燥

一、微波干燥原理简介

微波干燥在食品工业、材料、医药、陶瓷加工等行业的广泛应用离不开微波理论的基础，通过科学家对微波的研究和定义可知微波属于高频电磁波的范畴，其频率处于 300 ～ 30 万 MHz，微波的波段有分米（dm）、厘米（cm）、毫米（mm）三个等级，其波长范围在 1 mm ～ 1 m。将传统食品加热干燥方法与微波加热干燥比较研究可以发现，较为直接的传统加热干燥方法如热风、电等的原理为热传递或对流辐射，其导热和干燥的方向为由外向内，这对于导热性不良的食品来讲很容易因不均匀受热而导致食品损坏、干燥效果不佳等不良结果。微波干燥则是通过发射电磁波进入食品内部，起到内外同时加热干燥的效果。

其加热干燥原理为食品内部分子的极化。食品当中的其他成分介电系数往往在 50 以下,水的介电常数则达到了 78.5。含有水分的食品被放置到微波干燥仪器当中时,微波以相当大的频率改变着电场的方向,使食品内部的水分子以极大的频率运动而产生热量,进而水分子从食品当中向外逸出,达到对食品均匀干燥的目的。

二、微波干燥食品的优势

前面提到微波干燥与传统加热干燥方法的原理以及效果差异,由此不难看出微波干燥在食品干燥方面表现出巨大的优势,具体如下:

(1)加热干燥均匀。微波干燥设备以发射具有高穿透性高频电磁波的方式对食品进行加热干燥,微波从外部进入食品内部,持续进入的微波逐渐充斥食品的每一处,进而实现整个食品的均匀干燥,大大减低了食品干燥时外部过焦的不良风险。

(2)加热干燥过程迅速且控制灵敏。因微波高频电磁波的特性赋予了其快速加热物质的能力,食品在干燥过程中的温度梯度与水分蒸发出去的方向相同,进而大大缩短了食品加热干燥的时间。此外,微波热惯性小的特性使得食品加热干燥过程能够实现快速加热、快速停止,且没有"余热"的存在。

三、微波干燥在食品加工当中的应用

(一)微波干燥在水果、蔬菜中的应用

由于荔枝的采收期较短,而且不易保存,对荔枝的出售保鲜度要求也较高,需要烘干处理。荔枝的处理要求更多。微波干燥可以最大限度地满足各方面的需求,利用微波加热达到荔枝水分的蒸发,更加快速、高效,对温度的控制也更加灵活,能更好地满足荔枝的销售需求,保证荔枝水分不会过分流失,并且荔枝裂壳的情况也大大减少,还能保证荔枝原有的色、香、味以及营养成分。类似的水果还有苹果、杧果、香蕉等,这些水果在微波真空设备中物料的水分蒸发温度大大降低,在低温

下物料的物理性能得到很好保存，因而能保持很好的感官质量。同时，低温干燥减少了果蔬脆片的营养流失，改善了果蔬脆片的膨化率。由于微波能够有效控制水分子，而且表皮不会受到破坏，不会导致果蔬的过度膨胀或收缩，所以微波干燥几乎不会对果蔬的形态造成影响。

（二）微波干燥在果脯中的应用

传统的果脯风干方法周期较长，而微波干燥技术恰好可以解决果脯风干的这一特点，加速果脯的干燥时间，而且微波处理后的果脯口感也得到了大幅度提高。对果脯进行干燥的主要目的就是延长它的保质期，干燥后，果脯表皮结构紧密，不会造成营养成分的损失。传统的干燥方法易导致果脯的表皮过硬，影响人们的食用口感。微波干燥则可使果脯内外同时受热，不会出现表皮过硬这种问题，还可以保证果脯整体的口感不受影响。另外，微波对果脯进行干燥的同时，兼有杀菌的作用，可以最大限度地保证果脯的质量。

（三）微波干燥在水产品中的应用

水产品季节性强，而且在运输过程中不易保存，运送费用较高。微波干燥有效解决了这些问题。微波处理过的产品食用方便、易保存，且不用冷藏，同时大幅降低了水产品的运送费用。例如，海米、干海带等都采用了干燥的方法，但是这些应用的大多是传统的干燥方法，虽然可以保留部分食品的属性，但是不能保存水产品的新鲜度，且干燥时间过长，传热速度较慢。微波干燥后的水产品不但膨化性提高，而且产品收缩小。由于微波干燥时间更快，所以微波干燥后的水产品口感以及新鲜度更佳，同时具有极高的复水性。

第五章　食品发酵技术及应用

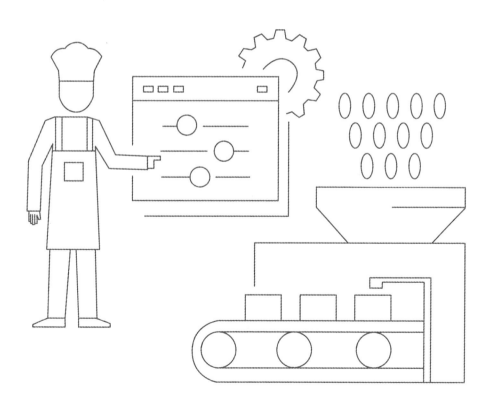

第一节　食品发酵与微生物

　　微生物发酵也被称为微生物发酵工程，是现阶段在食品、药品等领域有良好应用价值的技术手段。现代微生物发酵包含了传统的发酵技术及分子改造修饰、细胞融合等新型生物技术，是一种技术优势更加明显，能够为食品等领域带来更好发展前景的先进加工技术。传统的微生物发酵是通过自然界中微生物群体对物质进行发酵的过程，在这一过程中物质在微生物作用下会产生一系列变化，便于下一步的生产与加工。而当前的微生物发酵对于微生物的利用越发细致，可以借由先进的仪器设备等对微生物群进行科学培养，通过严格筛选后得到更利于发酵的群落，提高发酵技术对食品的 pH、渗透压、水活性等指数的改善效果，能够推动食品加工的科学化进程。伴随着微生物发酵的不断发展，当前的微生物发酵在很大程度上改变了传统发酵中可能产生的危害和风险，进一步提高了食品质量与卫生，满足了人们的食品安全需求。

　　微生物发酵在食品领域具有良好的应用价值，不仅可以改善食品的口味和口感，也有利于提升其营养和保健功能，因此逐渐成为食品加工领域不可或缺的技术手段。微生物发酵的应用在很大程度上克服了食品在保存过程中容易变质的问题，能够有效延长其保质期，同时改善了食品的口感。常见的豆制品发酵、酒类酿造以及酱油等调味品都在微生物发酵技术的支持下得到了口味与储存时间的改良，能够更好地满足人们的饮食需要。此外，微生物发酵能够对食品的营养成分产生影响，如乳酸菌、益生菌等微生物发酵食品，可以在丰富口味的同时，增加食品营养与保健功能，满足人们的健康需求。

　　微生物发酵作为现代化食品加工中的重要技术之一，不仅能有效提升食品的口味和口感，给人们带来更加丰富的味觉享受，还能更好地借助其在发酵过程中具有的生物学活性，提高微生物发酵食品的营养价值。微生物发酵对于食品营养的影响，主要表现在感官品质、理化特性、营养成分等方面。传统的微生物发酵的转化率低、工艺粗放，难以控制食品的发酵时间和相关配比，容易引发细菌性污染、霉菌性污染以及寄生虫污染等。现今，人们对于食品加工的要求不断提高，推动着食品加工行业的进一步发展。微生物发酵作为重要的加工技艺，在未来的发展过程中，也会随着消费者对于食品的要求而不断地进行优化和改善。从实际情况看，当前的微生物发酵技术已经不局限于自身，其在食品品质、改善食品质构以及食品的保健功能等方面也有着很高的应用价值。

一、微生物对发酵食品风味的影响

（一）乳酸菌对发酵食品风味的影响

乳酸菌是发酵食品常用的发酵菌株之一，包括植物乳杆菌、戊糖片球菌、双歧杆菌等，是发酵食品中酸类物质和醇类物质含量变化的重要原因，对改变产品风味、产生氨基酸和酚类物质、提高产品的营养价值具有积极意义。梁红敏 等通过副干酪乳杆菌、干酪乳杆菌、植物乳杆菌和鼠李糖乳杆菌制作葡萄酵素，结果表明这几种乳杆菌均能提高酵素的总酚含量和抗氧化能力，其中干酪乳杆菌的产酸能力最强。

（二）酵母菌对发酵食品风味的影响

发酵中常见的酵母菌有酿酒酵母、汉逊酵母、毕赤酵母、假丝酵母等。酵母菌与发酵食品的醇类、酯类及有机酸物质的生成密切相关，其中酵母菌在酒精发酵阶段起重要作用，能够将原料中的葡萄糖转换成乙醇和二氧化碳，并在这个过程中产生大量醇类和酯类副产物，构成了丰富的产品风味。Liu et al. 通过酿酒酵母及 4 种非酿酒酵母（葡萄有孢汉逊酵母、美极梅奇酵母、耐热克鲁维酵母和德尔布有孢圆酵母）发酵黄桃酒，揭示了不同非酿酒酵母菌株的特征代谢产物，其中葡萄有孢汉逊酵母对乙酸乙酯的产量提升最大，耐热克鲁维酵母能够降低可滴定酸度并提升苯乙醇含量。

（三）霉菌对发酵食品风味的影响

霉菌主要包括根霉、曲霉、毛霉、青霉等。酱油、醋等采用固态发酵的产品离不开制曲的过程，曲中往往存在大量的霉菌，在制曲过程中及发酵的初期起重要作用。霉菌在发酵过程中能够产生淀粉酶、纤维素酶、果胶酶、蛋白酶等，蛋白酶等物质能够将蛋白质原料分解成氨基酸等营养且具有风味的物质。淀粉酶等物质能够将淀粉类原料分解成小分子糖，增加营养价值，并为其他微生物提供更适宜的条件，从而进一步产生大量风味物质。王巧云通过毛霉和根霉发酵腐乳，发现在毛霉、根霉以及混合发酵下，腐乳的总酸及氨基酸含量增加，且混合发酵的腐乳具有更好的抗氧化活性。

二、微生物发酵在食品营养中的应用

（一）发酵豆制品

大豆的营养成分丰富，其蛋白质含量高于谷类和薯类食物 2.5 ～ 8.0 倍，除糖类较低外，其他营养成分，如脂肪、钙、磷、铁、维生素 B_1 和维生素 B_2 等人体必需的营养物质都高于谷类和薯类食物，它是一种理想的优质植物蛋白食物。因此，豆制品一直深受大众喜爱。在中国，发酵豆制品多种多样，最常见的是腐乳、豆豉和酱油。

1. 腐乳

作为中国传统的民间食品，腐乳是一种营养丰富且味道独特的大豆发酵食品，具有较高的生物活性。然而，由于腐乳的微生物发酵制作过程较为特殊，需要添加大量的食盐，这就导致腐乳中的盐分含量过高，影响人体健康。现今，腐乳的生产工艺得到了改进，既能在低盐的环境下发酵，又具备良好的保藏性，在保障腐乳口感的同时，大大降低了对人体的健康危害。

2. 豆豉

豆豉是以黑豆或黄豆为主要原料，利用毛霉、曲霉或者细菌蛋白酶的作用，分解大豆蛋白质，达到一定程度时，通过加盐、加酒、干燥等方法，抑制酶的活力，延缓发酵过程而制成的。豆豉不仅具有较高的营养价值，还具有和胃、除烦、解腥毒、去寒热等药用功效。

3. 酱油

酱油是中国主要的调料品之一，其是通过大豆、小麦、面粉等原料，在经过蒸煮后培菌制曲，加入盐水后进行微生物发酵，在酶促和非酶促等化学反应的影响下酿制而成的。酱油中的原料利用微生物进行混合发酵，进而产生了独特的酱香味，使得日常烹饪变得更加便利，口味也更加丰富。

（二）发酵面制品

在面制品的生产过程中，发酵环节同样起到了不可取代的作用。在面制品中，馒头、面包是典型代表，其制作过程是在面粉中加入一定的酵母菌，在反复的揉搓和醒发下，面制品膨胀变轻，并且在后期的蒸煮中，面制品的重量会随着水蒸气的蒸发而逐渐降低。同时，在微生物发酵过程中消耗的碳水化合物也能够有效地降低面制品中的含糖量，对于糖尿病患者和肥胖患者具有一定的积极作用，而其中的酵母菌也对人体的健康起到促进作用。

（三）发酵肉制品

发酵肉制品在中国得到了广泛的推广，尤其是在冬季，很多家庭都会制作腊肠，这就是肉类发酵品的其中一种。发酵肉制品主要借助自然或人工方式，利用微生物发酵对肉类进行加工而形成的风味独特、保质期长的肉制品。这种加工方式在保障肉类营养价值的同时，也延长了肉类的存放时间。

1. 发酵腊肠

发酵腊肠是通过将肉类加工成馅状发酵肉制品，再进行装袋风干，通过蛋白质的逐渐变性凝胶，将肉类中的水分风干而制成的。

2. 发酵火腿

发酵火腿是中国的特色食品，金华火腿、宣威火腿、如皋火腿被称为中国三大火腿。火腿一般经过腌制、挂晒发酵而成。在这一过程中，微生物发酵会产生许多酶，这些酶会对肉制品中的蛋白质进行分解发酵，进而提升肉制品中谷氨酸和氨基酸的含量，以此来提高肉质发酵食品的营养价值。在自然条件和人工条件的变化下，火腿会在一定时间内发生相应的微生物学、生物学和化学变化，由此也形成了独特的色、香、味。

（四）发酵茶制品

众所周知，茶文化在中国具有较为悠久的历史，也拥有广泛的受众。在茶类产品的制作过程中，除了传统的翻炒、晾晒形式外，微生物发酵也是茶类制作的主要形式。茶类产品是利用菌类进行轻发酵、半发酵、全发酵和后发酵而制成的。在茶类产品的制作过程中，微生物发酵能够有效地将茶中存在的茶多酚进行降解，提升其中的氧化物含量，进而提升茶制品的健脾养胃效果，如常见的普洱茶、红茶、乌龙茶等。普洱茶中含有的发酵茶因素在控制艾滋病等方面具有一定的作用，红茶则既可以预防心脑血管疾病，也具有消除水肿、炎症，通便等功效。

（五）发酵乳制品

人们通常将牛乳原料以合适的发酵形式进行加工处理，生产出相应的乳酸菌制品。这类发酵乳制品对人体肠道系统有一定的调理作用，颇受人们的喜爱。例如，酸奶中含有大量的乳酸菌，摄入人体后能够有效提升人体内的乳酸菌成分，促进人体的肠道运动，强化人体对营养物质的吸收，对人体免疫力的提升具有积极作用。

三、发酵食品中的微生物的鉴定

（一）发酵食品中的微生物的种类分析

在发酵食品的卤水制作时，微生物的种类选择极其重要。这是因为卤水中含有的微生物种类丰富，且不同的微生物在卤水的发酵、气味、功能性等方面起着不同的作用。综合来看，发酵类食品中的微生物主要有细菌、真菌两大类。

1. 细菌

细菌是一类常见的菌类，并且在中国传统发酵食品中的应用非常广泛，目前在发酵类食品的卤水中发现的细菌种类主要是球菌类和杆菌类。

（1）球菌类。球菌一般为球状或近球状的细菌。根据显微镜下菌落排列数量以及方式的不同，球菌可区分为单球菌、双球菌、链球菌、四联球菌和八叠球菌等。赵国忠 等通过 16S rRNA 测序鉴定臭豆腐卤水中的微生物种类，认为臭豆腐卤水中的主要细菌为漫游球菌、鸟肠球菌，并且为臭豆腐的规范性制作提供了指导性建议。范博望 等通过对臭豆腐卤水的稀释分离，发现了臭豆腐卤水中存在巴黎链球菌等球形细菌。此外，其研究发现，若采用相同的发酵条件，对单一菌和混合菌进行卤水发酵比较，单一菌经过相同时间发酵后产生的卤水感官评价不如混合菌株发酵出的卤水优越，进一步证明了高质量卤水是混合发酵的结果。范洪臣 等也通过分离腐乳的发酵用酱料中的微生物获取了如芽孢杆菌等多种微生物，并分析了最佳的配比方案。

（2）杆菌类。杆菌是指形状为圆柱，或者近卵圆形的菌株。杆菌根据堆积数量可分为单杆菌、双杆菌、链杆菌、球杆菌、棒状杆菌、分枝杆菌、双歧杆菌等。Gu et al. 采用二代测序方法，研究臭豆腐中微生物菌群的多样性，乳杆菌属是整个发酵过程中的主要乳酸菌，臭豆腐中还具有盐单胞菌属等部分潜在有害细菌。Xie et al. 采用随机扩增多态性 DNA 分型和 16S rDNA 测序对从 3 种发酵茶叶和酱油卤水中分离到的 168 个菌株进行测序，共鉴定出 136 株代表菌株，有乳杆菌和魏氏杆菌等 7 个属 32 个种。南晓芳从 9 个豆豉和腐乳样品中共分离出 31 株乳酸菌，筛选出 5 株耐盐乳杆菌，发现 5 株耐盐乳杆菌对大肠杆菌等致病菌有较好的控制作用，并且具有降解胆固醇的能力以及抗氧化能力。

2. 真菌

真菌是具真核、可产孢子且不具有叶绿体的真核菌类。在传统发酵食品工业中，常见的真菌类为各种酵母菌和一些少量的霉菌类。这些少量的真菌微生物可产酸产碱，代谢糖类物质，产生芳香醇类和芳香醛类物质，使卤水呈现足够的风味。

（1）酵母类。酵母是一种单胞菌，常常用于酱油、面团等食品的发酵。常见的酵母菌有酿酒酵母、毕赤酵母、茶酵母和啤酒酵母等。王正莉 等在传统发酵酒曲和豆豉类食品中分离得到了西弗汉逊氏酵母、异常汉逊氏酵母等10多种真菌类微生物，并且根据风味成分对其进行了关联。此外，赵玲艳 等对盐渍辣椒发酵过程中参与的菌种进行了种群样品分析，发现优势真菌属为毕赤酵母属、异常汉逊氏酵母属等。基于这一点，赵玲艳 等分析了盐渍辣椒真菌菌落的多样性，以及发酵过程中微生物群落结构和相对丰度的变化，分析了多种微生物在发酵过程中的作用，对于新菌种资源的开发具有重要意义。

（2）霉菌。以北方王致和臭豆腐为代表的传统发酵类食物中存在的霉菌类常见的为各种曲霉，此外还有毛霉等。此类微生物可以在臭豆腐等豆制品表面形成坚硬的外壳状物质，并代谢内部的豆类蛋白等，分泌不同类型的氨基酸等。Qiu et al. 从发酵豆豉产品中得到了一种食品级黑曲霉，可以参与酱油、豆豉等食品的代谢，并对食品中的霉菌毒素具有一定的抑制作用。此外，高玉荣 等采用鲁氏毛霉发酵后的豆制品分析了不同时间点的风味变化，发现总状毛霉也可以在豆粕食品的发酵过程中对食品风味产生积极影响。因此，霉菌类在发酵臭豆腐等食品的制作流程中是主要的发酵剂。

（二）发酵食品中的微生物的分离与鉴定

传统针对发酵食品中常见的微生物种属的鉴定方法主要是纯培养分离。随着新兴的高科技技术如生物信息技术和生物分子技术的普及，高效的梯度凝胶电泳和高灵敏度的高通量测序开始出现在微生物的鉴定领域。

1. 纯培养分离

纯培养分离是根据可能的微生物去遴选可能合适的培养基，进行菌种扩大培养，再通过微生物的生理生化及形态特征进行菌落挑取后纯化并进行菌种鉴别的一种发酵食品微生物的研究方法。纯培养分离常常用于研究对象中存在多种菌落的情况，是一种最为常见且简便的微生物研究方法。孙贵朋用纯培养方法对从发酵卤水中分离到的6株高纯度细菌进行研究，发现其中的5种菌属于芽孢杆菌的类别，另1株属于鲁氏不动杆菌。翁美芝 等采用平板接种分离法对发酵淡豆豉中产纤溶酶微生物进行筛选，得到了枯草芽孢杆菌等3种不同的细菌。张煜坤 等采用浓度梯度稀释法及平板涂布法分别对3种神农架豆豉样品中微生物进行分离鉴别，分离出不同形态的单菌落，然后将获得的分离菌落进行DNA测序，最终得到4株枯草芽孢杆菌属的4个亚种。

2. 梯度凝胶电泳

梯度凝胶电泳是一种基于生物信息学和分子生物学两种学科的生命科学鉴定。该技术采用在一般电泳实验的基础上，根据DNA片段在不同浓度的变性剂温度中双链结构解螺旋后片段大小的不同，将片段碱基组成相异，但是大小接近的片段进行分离，并经过官方常用的包含生物信息的数据库内的数据进行比对后，获得微生物的遗传学信息。Tanaka et al.采用该项技术研究了豆酱生产过程中微生物群落的组成，细菌梯度凝胶电泳图谱表明酱油在微生物反应过程中主要起作用的是乳杆菌属发酵乳杆菌等。燕平梅 等采用该项技术分析散装泡菜、白菜泡菜、泡酸菜3种不同泡菜中酵母菌的多样性，并鉴定出多种类型的酵母菌。另外，目前也有研究者将梯度凝胶电泳应用到与水果酵素发酵相关的微生物菌群分析，检测出了培养基中致病菌类。

3. 高通量测序

高通量测序也可叫作二代基因检测，其在使用过程中可以产生多种基因信息。该项技术能够同时筛选多个不同的基因组区域，准确识别出样品中绝大多数的微生物类群，包括不能在培养基内培养的菌类和丰度较低的菌类。高通量测量包括 ABI SOLiD 连接法测序、454 焦磷酸测序和 Illumina Solexa 合成测序等。孙娜 等采用高通量测量对发酵前期和发酵末期青腐乳卤水中的微生物种类进行分析。Ezeokoli et al. 利用高通量测序分析发酵豆制品中的核心菌落，用 16S rRNA 技术分析了 7 个大豆发酵制品样品中的 DNA 序列。高通量测量的优势在于可以较为完整地获取菌种的遗传信息，通过如 NCBI 等大型生物信息数据库的数据比较，可以较为准确地获知该种微生物的种属名称，为后续的微生物培养与特性研究提供支持。

（三）发酵食品中的微生物的功能分析

发酵食品中含有许多功能性微生物，它们能够通过分解原料中的大分子物质，并产生大量的水解蛋白和游离氨基酸，以及大量的维生素类物质，形成发酵类食品的特殊腌渍风味。此外，采用不同的菌种进行发酵可以使卤水具备不同的功能，如改善营养组成、改善肠道菌群组成、减少食物中的抗营养成分等。研究微生物在发酵类食品发酵流程中所起到的作用，对于提高此类食品的风味以及功能品质具有重要意义。

1. 形成食品风味发酵类食品

气味物质所带来的食品风味是多种微生物联合作用下产生的，并且在不同发酵时期，风味物质也有一定的差异。不同卤水配方中微生物的种类也不尽相同，所形成的风味物质具有一定的差异。发酵微生物在臭豆腐风味物质形成过程中就发挥着重要作用。李雨枫 等研究了臭豆腐卤水在发酵时微生物种类和数量的变化及风味成分分析，利用固相微萃取（SPME）联合气相质谱（GC-MS）的方法检测发酵完成的卤水中存在的挥发性成分，并比较了它们的差异性，发现了吲哚等气味物质，其中明串珠菌属和盐厌氧菌属与含硫化合物、吲哚有极大的关联，是臭味的主要来源，同时乳杆菌属、四联球菌属和酯类、酮类、醇类物质的相关性最大，为臭豆腐提供香气。邓思敬 等利用实验室前期从自然发酵臭豆腐的剩余卤水中得到的 13 株乳酸菌，并从中筛选 8 株活性优良的菌种接种于生产配方中，经过 37 ℃发酵 20 h 制得臭豆腐发酵液，经过 GC-MS 鉴定得到 61 种气味性物质，其香气成分与市售发酵臭豆腐卤水相仿。郑小芬 等采用同样的方法，分析了两种不同臭豆腐对应的卤水中气味物质的差异，并用归一化法计算了其相对含量。该研究还根据微生物种类与气味物质之间的相关系数，预测成分的变量重要性，确定了芽孢杆菌、肠杆菌、乳杆菌、鞘氨酸杆菌、单胞菌、四基因球菌等 9 种细菌和交链孢属、杂交链霉属、放线菌属等 6 种真菌是发酵过程中核心的功能性微生物。

2. 改善营养组成

维生素 B_{12} 是维持大脑关键功能的重要营养素，对于抑制抑郁症、老年痴呆及贫血具有重要作用。腐乳中 B 族维生素种类多样，腐乳在发酵时经过微生物的作用会产生维生素 B_{12}。经过鲁氏毛霉、酿酒酵母等真菌类微生物发酵后，腐乳中含有大豆多肽和蛋白黑素，其中蛋白黑素具有强抗氧化性。这些微生物产生的大豆多肽等物质具有抗高血压、降血脂、抗氧化、提高免疫力、抗癌等作用，还可以缓解运动疲劳。另外，发酵过程中的酵母能够将蛋白质、脂肪、糖类等生物大分子物质分解为游离氨基酸、脂肪酸和葡萄糖等小分子物质，在发酵时也会产生一些人体必需氨基酸。例如，陈嘉序 等通过对魏氏杆菌等微生物发酵的食品中的成分研究，发现雌马酚和大豆异黄酮类等营养物质的含量出现了明显的升高。这表明微生物的发酵对于发酵食品的营养成分的改善有一定的作用。

3. 增强食品抗氧化作用

人体在新陈代谢中可能产生较多的自由基，过多自由基的生成会影响人体健康，导致人体衰老。臭豆腐在发酵过程中产生大豆异黄酮、大豆多肽等抗氧化物质，能够延缓衰老，促进人体健康。发酵食品中的微生物如毛霉、曲霉等霉菌微生物可以产生具有增强食品的抗氧化能力的营养物质。邹磊 等分别接种两种不同的毛霉制作了腐乳，并对其进行自由基的去除、抑制油脂过氧化以及还原能力检测实验，以此为标准评价微生物在发酵过程中产生的代谢物的抗氧化能力，结果发现，黄色毛霉发酵产生的腐乳中具有更优的抗氧化功能。王富豪 等提取了多个大豆品种里大豆异黄酮的含量，并对其对 DPPH、ABTS 自由基去除水平进行了测定，发现糖苷型异黄酮含量与 DPPH 和 ABTS 自由基去除水平有较高的线性相关性。董爽 等对鲁氏毛霉促腐乳发酵过程中产生的抗氧化物质含量变化进行了研究，在豆腐坯上接种毛霉进行发酵后，测定发酵腐乳在不同阶段的抗氧化能力，发现随着微生物分泌的酶的作用，腐乳的抗氧化能力在前发酵期和水解阶段快速上升，发酵后期上升较慢，在后酵期达 20 d 时，腐乳的抗氧化能力达到最大值。

4. 降血压作用

血管紧张素 Ⅱ 是可以引起血压升高的血管收缩剂。因此，抑制这些可以产生血管紧张素 Ⅱ 的酶的活性，减少这种物质的产生是用于控制高血压的一个重要途径。在腐乳生产过程中，某些生物活性肽能够抑制血管紧张素 Ⅱ 催化酶的活性，从而起到防止血压升高的作用，其中鲁氏毛霉和乳酸杆菌的联合发酵可以达到该种效果。Kuba et al. 从鲁氏毛霉和乳酸杆菌联合发酵的腐乳中分离到两种具有抑制上述酶类活性的生物活性肽，其活性肽序列分别为 IlePhe–Leu 和 Trp–Leu，其中产生的 γ –氨基丁酸（GABA）会结合神经受体在脑血管中，提升血管的扩张能力，抑制血管血压过高。

5. 抑制抗营养成分

大豆的抗营养因子成分包括营养抑制因子等热敏性物质以及植酸、寡糖、单宁、抗原蛋白等耐热并抗维生素因子及其他化学成分。在发酵豆制品中存在的部分微生物能够降解大豆中的抗营养因子，并将其转化为被人体吸收的成分。例如，从印度尼西亚的豆醇饼中发现的寡孢根霉能够降解引起胃胀气的水苏糖等物质，以及甘油三酯等酯类，并使之降解成可供人体吸收分解的单糖和二糖。

6. 改善肠道菌群

肠道微生物与它们可以产生的次级代谢产物对人体健康和保持肠道中免疫系统的稳态具有巨大的功效。熊骏 等从传统方法发酵制作而成的发酵类豆豉中分离出具有抑菌活性的乳酸菌，可以产生有机酸、细菌素等，对广谱的致病菌均可以产生较好的抑制效果。Lee et al. 从韩国传统酱油中分离筛选出 3 株芽孢杆菌 MKSK-E1、MKSK-J1 和 MKSK-M1，并在模拟胃肠道环境条件下，证明了这 3 株菌具有广泛的抑菌活性，可以从发酵豆制品中分离出对人体有益的微生物，并制成相应的益生菌产品。Yuan et al. 研究发现在猪每日饲料中添加 3.75% 质量分数的发酵豆粕和 7.5% 质量分数的大豆浓缩蛋白，分别提高了 38 ～ 68 d 的仔猪的养分消化率、粪便酶活性和乳酸菌数量，降低了粪便中大肠杆菌数量，能够有效改善猪肠道菌群组成。Yi et al. 从臭豆腐卤水中分离到 1 株居里乳杆菌 CCTCCM2011381，在大豆分离蛋白、豆奶和银杏饮料中生长 20 h 后，该菌株的数量均增加。

7. 抑制有害菌

臭豆腐卤水在发酵产生多种营养物质期间经过益生芽孢杆菌、乳酸杆菌、鸟肠球菌等微生物的作用会产生大量的挥发性物质，具有延长食品货架期、增强食品安全品质的作用。另外，大豆中的物质能够被黑曲霉、异常汉逊酵母等真菌分解产生抗菌物质。在某些以根霉为发酵剂制成的发酵豆制品中，异黄酮对蜡样芽孢杆菌、大肠杆菌、金黄色葡萄球菌和沙门氏菌等能够引起食物中毒和腐败的致病微生物有较强的抑制作用。

8. 吸附有害物质

发酵食品中的微生物的另一个作用就是减少有害物质的产生。例如，卤水中的乳酸菌能够抑制不饱和脂肪酸的过氧化或减少来源于相应醇类的醛，部分乳杆菌能够吸附食品中的真菌毒素。乳酸菌还能够吸附重金属离子，如汞、镉等。研究表明，源自中国传统泡菜的菌株 Lb.plantarum 70810 EPS 在鱼肠道环境中，当 pH 5.0 且温度为 30 ℃时，该菌株 6 h 内的对铅的吸附能力可达 160.62 mg/g，傅立叶变换红外光谱表明，参与吸附的是 -OH 等官能团。He et al. 分离出了一株酱油中的食品级黑曲霉，发现该种菌株可以抑制酱油等发酵食品中玉米赤霉烯酮等真菌毒素的产生。徐智虎 等分离出了贵州传统的发酵类食品中的乳酸杆菌，并进行了性质探究，发现此类乳酸杆菌具有较好的吸附生物胺等有害物质的能力。因此，在发酵食品中，微生物除了可以提高营养价值与风味外，还具有减少有害物质生成的作用。

第二节　发酵饮料的发酵工艺

发酵饮料因其独特的风味、口感而被越来越多的人喜爱。苹果醋饮料由苹果醋与苹果汁兑成，苹果醋饮料的质量由苹果醋的质量决定。近年来，有关苹果醋的发酵条件和工艺的研究层出不穷。苹果醋的发酵过程易受多种因素影响，包括苹果的品种和质量、酵母菌和醋酸菌菌种的特性、菌种接种量、发酵周期和发酵时长等。在诸多因素中，苹果醋的发酵状态是影响最终产品质感的最重要的因素之一。

2015 年 4 月 1 日始，《苹果醋饮料》（GB/T 30884—2014）正式实施，该标准对苹果原醋的工艺、特征性指标方面进行了规定，其明确规定生产中"不得使用粮食及副产品、糖类、酒精、有机酸及其他碳水化合物类辅料"以及不得检出游离矿酸等。酿造所得的苹果醋，经一系列的调配便可制得口感清爽、酸味适中的苹果醋饮料。

一、苹果醋的二道发酵：醋酸发酵

醋酸发酵过程中使用的醋酸菌种多数是自行分离的菌种，并保藏于各自的实验室、工厂等。醋酸菌筛选分初筛和复筛两步。初筛的培养基中含适量食用酒精和碳酸钙，依据醋酸菌在生长过程中分泌氧化酶可将乙醇氧化为醋酸，而又因培养基中含碳酸钙，故菌落周围会形成透明圈，据此可判断醋酸菌菌株代谢的强弱，透明圈越大则该菌株代谢越旺盛。复筛的过程是将醋酸菌按照一定的接种量接种到酒精发酵液中，发酵 7 d 左右，每天定时测其发酵液总酸含量，最后依据产酸量来衡量醋酸菌株的产酸能力。

二、苹果醋发酵工艺

发酵苹果醋的方法多样，该部分内容集中讲述苹果酸发酵的主要操作流程：原料的选择及处理、酵母菌液体菌种制备、酵母发酵、过滤、加热杀菌。

（一）原料的选择及处理

浓缩苹果汁：调整糖度，使其最终糖度保持在 18.0 Brix，pH4.0 左右。新鲜苹果：选择成熟度较高的苹果为原料，剔除病虫害和霉烂部位，清洗，去核切块，置于 0.01 ～ 0.05 g/mL 的 VC 溶液中浸泡 10 ～ 15 min，破碎打浆，实现渣皮与汁液分离并收集果汁，也可加入 0.01% 果胶酶到苹果果泥中，45 ℃水浴保温 2 h，确保酶解充分后，高温 85 ～ 95 ℃灭酶处理，冷却后，对其进行榨汁并收集果汁。苹果皮、果核（去籽）：仔细筛选，剔除霉烂原料，将果皮、去籽果核进行破碎打浆，加入适量果胶酶进行酶解，放置澄清后过滤，并于高温 85 ～ 95 ℃灭酶处理 5 ～ 10 min，最后调整合适糖度。

（二）酵母菌液体菌种制备

酵母菌种子液的制备：酵母菌活化培养→三角瓶摇瓶培养→一级种子液扩大培养→二级种子液扩大培养。将处于休眠状态的酵母菌菌种或直接购买的活性干酵母进行活化处理，经过逐级放大培养，这样做可获得高质量的纯菌种。

（三）酵母发酵

这里的酵母发酵指的是向苹果汁中添加扩培好的二级酵母种子液进行酒精发酵。发酵前期，原汁液的糖度随发酵的进行而不断下降，酒度不断上升，此时酵母菌生长旺盛，消耗了大量的糖，并在转化的过程中产生酒精、CO_2，伴随大量的热量；发酵后期，汁液中糖分残留很少，酒精含量过高，抑制酵母菌的生长，此时酵母菌活力明显下降，易发生自溶现象。因此，在发酵过程中，低温发酵有利于发酵液的稳定。

（四）过滤

经两次发酵后的发酵液颜色不通透，较为浑浊，需要进行澄清过滤处理。具体的过滤方法有活性炭吸附法、硅藻土圆盘过滤法、纱布过滤法、离心分离法等。

（五）加热杀菌

这里主要使用巴氏杀菌法，以防止发酵液中杂菌的生长繁殖。

第三节　发酵工程的应用

一、发酵工程的发展历程

（一）天然发酵阶段

在人类历史的早期，人类并不知道微生物的存在和发酵的原理，完全依靠经验进行生产。随着经验的积累，人们开始有意识地选择和保存优良的发酵菌曲，并对发酵过程进行控制，建立了加热、密封等原始的消毒和灭菌操作。在这一阶段后期，发酵产品的种类开始丰富起来，如黄酒、啤酒、葡萄酒、面包、酸奶、醋、酸菜、腐乳等，改善了人类的生活水平和营养状况。

（二）纯种发酵阶段

虽然经历了长期的积累，但是发酵过程的稳定性和可控性一直是一个难题。显微镜的发明使得人们可以直接观察微生物。在此基础上，科学家揭开了发酵过程的原理。在对微生物的研究过程中，人们掌握了菌种分离纯化、无菌操作等技术。人类从依赖经验的天然发酵阶段进入纯种发酵阶段。基于纯种发酵培养，发酵过程的稳定性和可控性得到了极大的增强。发酵产品的种类和数量也得到进一步提升，除了发酵食品外，丙酮、丁醇、乙醇等工业产品的发酵也逐步建立起来，使得发酵工程逐步从以生产食品等生活资料为主的自然发酵过程，转变为以生产生活资料和工业基础资料并重的代谢控制发酵过程。在这一阶段，人们积累了大量的关于发酵微生物的生长代谢性质，如最佳接种量、最佳接种时期、最佳 pH、最佳温度、最佳培养基、副产物积累，以及菌体生长和产物积累的相互作用等。通过收集和分析数据，人们将其用于优化发酵过程。在此阶段，人们开发和应用了一系列的监测和反馈元件，显著提升了发酵效率。

（三）深层发酵阶段

虽然厌氧发酵成功生产了大量的工业产品，但是由于厌氧微生物一般较好氧微生物生长缓慢，并且积累非必需的副产物，好氧微生物开始进入人们的视野。随着菌种纯化、保存和无菌操作技术的快速发展，好氧微生物的发酵培养不再容易染菌，而且好氧微生物可以生产更加丰富的产品。由于青霉素的巨大需求，基于青霉素发酵的好氧发酵快速发展，建立了好氧性发酵通气搅拌工程，结合无菌空气过滤，相关的抗生素发酵产品产能迅速扩大。由抗生素发酵而积累的深层好氧发酵的发展和成熟，逐步普及其他好氧微生物的发酵和产物合成，更多的产品可以通过好氧发酵得到，如丙酮酸、酮戊二酸、维生素 C、氨基酸等，并出现了以酶制剂为代表的蛋白质产品，如蛋白酶、角蛋白酶和淀粉酶等。深层发酵的大规模应用，带动了微生物学、生物化学、遗传学、分子生物学和基因工程等发酵工程支撑学科的迅速融合，同时越来越多的发酵策略和检测控制元件被开发和应用在发酵过程中。此时，发酵工程进入到第三阶段的鼎盛时期。

二、食品发酵工程的技术进展

（一）技术发展推动食品发酵过程多层面重构

传统发酵一般直接采用当地自然环境中的混合微生物，原料多为五谷杂粮、水果蔬菜、肉禽蛋奶等，发酵过程完全依靠经验。传统发酵对于当地的特种微生物群落和发酵所需的自然环境高度依赖，发酵产品品质受气候影响大，品质不均，因此难以在其他地区实现重复生产。由于对原材料的品质和发酵过程的管控不足，有的传统发酵食品具有一定的安全隐患。比如，用于腐乳和食醋酿造的红曲霉，在代谢过程中可产生一种毒性与黄曲霉毒素相似的真菌霉素——桔霉素；在酸菜、果酒、奶酪等发酵食品中，微生物氨基酸脱羧酶可能形成生物胺；在酱油和米酒的酿造过程中，具有基因毒性和致癌作用的氨基甲酸乙酯可能生成。为了增强传统食品发酵流程的可控性、可持续性以及产品的安全性、营养性，借助现代生物技术、信息技术与工程装备的革新发展，食品发酵的研究方法和发酵流程实现了多环节的优化重构，其中包括原始菌群的分离鉴定、人工合成菌群、发酵过程的预测、发酵装备智能化等。

1. 原始菌群的分离鉴定

微生物是食品发酵过程的支柱，人工合成菌群要以天然原始菌群为基础。传统的微生物富集培养分离方法周期较长且操作复杂，难以得到纯种菌种。随着技术的发展，流式细胞、免疫磁性颗粒分离、毛细管电泳、场流分离、高效液相色谱等技术被应用在发酵食品中的微生物分离分析，极大地提升了发酵食品中微生物的分离效率及效果。在传统流程中，人们在菌种被分离出之后，会对可培养的微生物通过显微观察、生化实验等方法进行鉴定筛选，但培养条件要求苛刻的不可培养微生物无法获得。随着生物技术的发展，很多新的方法被用于发酵食品微生物的多样性分析，如宏基因组测序、扩增子测序、荧光定量 PCR 等。这些技术不仅可以用于确定原始菌群的种类、数量，还适用于检测微生物随发酵进程的丰度变化情况。

2. 人工合成菌群

现代食品发酵使用的菌群应具有性能好、可培养、重复性高等特点，因此需要构建人工合成菌群来代替天然菌群。人工合成菌群可以通过对发酵食品中已鉴定的原始菌群进行改造、替换、组合或者删减而得到，也可以通过合成生物学手段引入新的菌种。

3. 发酵过程的预测

通过对不同条件下的发酵阶段进行多组学测定，人们可以获得许多特设数据库，结合高级的数理统计分析、数据挖掘和机器学习等手段，可对微生物群落的时空行为进行描述，并对发酵食品品质进行预测。发酵过程的预测，不仅能够省略试错摸索阶段，提高发酵工艺效率，还能保证发酵食品的安全性和质量。

4. 发酵装备智能化

近年来，数字化设计和优化技术已广泛应用于复杂食品体系以及多环交互的食品加工过程。在智能化食品发酵装备的设计和开发中，图像采集、传感器网络、智能机器人、智能化系统设计以及智能设备的利用，不仅能够精准控制发酵条件，保证发酵程度，还提高了食品原料的自动化加工水平，极大地降低了加工能耗及成本。

（二）食品发酵的智能化进程

1. 信息技术加强微生物分析

信息技术是驱动微生物细胞工厂创制及智能发酵技术创新的重要推动力，是贯穿智能制造的"灵魂"所在。先进的统计方法和数据挖掘技术，如机器学习、计算模拟等，是理解发酵微生物生态系统的前沿方案，包括将微生物分类、挖掘微生物群落的结构和动力学、预测其功能及特征代谢流、揭示微生物间相互作用等。这些技术能够将特征网络信息与部分已知的网络相结合，利用机器学习算法查找潜在的关联，获取特定时空、发酵环境及生态群落环境下的微生物行为，为从天然微生物中筛选工业菌种及工业菌种的改造提供依据。鉴于发酵食品的摄入对肠道菌群的结构有着微妙而持久的影响，除了发酵微生物，数据挖掘和机器学习等技术已广泛应用于分析预测发酵食品对于肠道微生物的影响的研究中。随着系统性的微生物研究以前所未有的规模开展，数据资源也日益丰富，众多核心数据库得以建立及充实。这些数据库的建立为大众提供了用于微生物组分析的宝贵数据，也使得公众可以记录下传统／手工发酵过程中的典型微生物，并研究食用发酵食品与肠道菌群之间的关系。信息技术不仅架起了天然微生物—发酵微生物、发酵食品—肠道微生物之间的桥梁，还是实现智能发酵和智能分离的核心。

2. 目标物质的在线监控

随着自动生产线的大规模应用，智能食品发酵过程的重点已从生产流程上的自动加工、分拣、灌装等转移到了食品发酵过程中目标物质的实时在线检测及控制上。针对食品物料体系成分复杂、目标物质含量波动范围大、固体／半固体物料分布不均等特点，人们需利用多种声、光、电及传感手段，通过计算机视觉系统和机器学习建立定量分析模型，实现在线实时的非接触、无损、快速、精准检测。比如，为了控制红茶的产品质量，Zhu et al. 开发了一种检测红茶发酵程度的快速方法，用测量电感（L）、电容（C）和电阻（R）的 LCR 仪确定发酵过程中茶叶的 11 个电特性参数，并利用机器学习算法将电参数作为红茶发酵程度的指标。同样为了自动监测红茶发酵过程，Jin et al. 结合傅立叶变换近红外光谱（FT-NIR）和计算机视觉系统（CVS），实现了红茶发酵度的准确预测。Bowler et al. 利用超声波测量结合机器学习算法预测啤酒发酵过程中的酒精浓度，使啤酒发酵的监控手段由传统的定期采样和离线分析转变为在线实时监控。除了利用声、光、电信号外，电子鼻和电子舌等在线传感器也是对食品发酵进行实时评估的有效手段，且检测快速、操作简单、成本相对低廉，具有广泛的应用前景。

3. 生物反应器的优化

许多功能性食品组分、食品添加剂及食品酶制剂将以发酵罐为代表的生物反应器作为主要发酵场所。近年来，许多发酵过程多尺度优化控制的新策略出现，包括多尺度理论与装备、细胞宏观代谢在线检测传感技术以及生理代谢参数相关分析等。人们要对工业规模生物反应器中的发酵过程进行优化，往往需要先在微小型反应器中模拟，进行发酵过程的缩放，在缩放模拟反应器中，可以利用计算流体力学（computational fluid dynamics，CFD）模拟大规模反应器内细胞经历的流场环境，即细胞运动轨迹，用于深入了解工业规模发酵过程中流体动力学和代谢动力学之间的相互作用。结合过程缩放实验所获取的实验数据能够更有效地实现高效理性放大。细胞在波动环境中的生理代谢调控和产物合成动态调控机制是活体细胞代谢过程中的核心问题，因此应结合多组学数据揭示深层次的代谢调控机理，并在生物制造过程中，建立细胞生理代谢特性的在线检测系统，用以感知细胞代谢过程。在线活细胞传感仪、在线显微细胞传感仪可在线测定活细胞浓度、观察细胞形态变化，以实现细胞生理代谢变化监测，指导营养物质流加反馈；在线过程质谱仪可对尾气组分在线精确分析，获得呼吸代谢生理参数，指导发酵过程控制策略。在获得海量的过程参数变化信息后，人们可利用深度学习、数据挖掘等算法对过程大数据进行智能分析、诊断与精确控制。

4. 智能分离工程

在使用细胞工厂发酵生产食品组分或添加剂时，产品的分离纯化是发酵产品生产的重要步骤，直接影响产品的质量，且占到整个发酵成本的 20% 以上。区别于其他化工分离过程，食品分离工程必须根据食品物料的特性和食品卫生安全要求，设计和调控分离设备和系统过程；需要精准的流程设计和过程预测，以确保在实现分离提取目的的同时，最大限度地保留食品的营养、风味。近年来，食品分离工程相关的实验科学和计算科学快速发展，在众多食品分离方法中，以膜分离和色谱分离的技术及工程研究最为集中。在膜分离实验技术方面，研究主要集中于新膜结构设计、膜材料合成与改性、膜技术与其他分离技术联合应用、过程控制与优化等方面。在膜材料研究方面，膜单体（PTFE、PP、PE、PVDF、PES、CPVC）的选择、聚合交联形式、膜的合成与改性、分离机理研究和膜污染控制是其基础部分。在此之上，基于流场和分子模拟的数值计算工作也是提升和辅助新膜的设计。膜分离技术常与其他分离技术（如色谱、结晶）联用来进一步提升分离效率。在色谱实验技术中，研究主要集中于新固定相的研究与合成、分析检测技术串联、多柱色谱模式及其过程控制优化、分离机理拓展。数学建模可以更进一步地解释实验科学中观测到的现象，是未来实现食品分离自动化和智能化的基础。目前，关于数学模型的研究主要集中于模型校正、模型选择和模型预测，以上每一部分的工作都涉及模型的数值求解，可以辅助实验科学进行更好的设计。

三、发酵工程在食品添加剂领域的应用

（一）发酵工程在着色剂中的应用

能够使物质显现出设计所需的颜色的物质被统称为着色剂。在食品行业，着色剂又被叫作食用色素，常被用来给食物染色，改善食品的色泽，使得食物的外表颜色更加符合人们的需求。通常情况下，食用色素分为两大类：天然色素、人工合成色素。

大豆血红蛋白是一种存在于豆科植物根瘤中类似哺乳动物血红蛋白的一种红色色素，它原本是根瘤中类菌体呼吸作用和固氮作用的协调剂。血红蛋白是血液中携带氧气的分子，用于氧气运输呼吸和其他代谢功能，在人们食用的食物如家禽、肉、鱼制品中大都有血红蛋白的存在。肉类中的血红蛋白赋予了肉类独特的口感，因此血红蛋白可用于肉制品的加工。为了满足人们对肉类的需求以及减少对环境的影响，Impossible-Foods 将大豆血红蛋白这种植物来源的"血红素"用于人造肉的染色，使人造肉的外观、口感接近真正的肉类。2019 年，美国食品药品管理局批准大豆血红蛋白作为碎牛肉类似产品的色素添加剂。

固氮植物（如大豆或豆科植物）会自然产生血红素并将其存储于根部，从这里可以提取一定的大豆血红蛋白，但是其成本会变得非常高，而且会破坏环境。目前，大豆血红蛋白的发酵生产成为现实，通过发酵生产的大豆血红蛋白可以使人造肉变红，并让其口感更加接近真实的肉。JinY et al. 通过基因工程和发酵酵母生产天然存在于植物中的血红素蛋白，他们将大豆植物中编码合成大豆血红蛋白的 LegHb 基因插入酵母宿主菌巴斯德毕赤酵母（现在重新分类为法夫驹形氏酵母）进行表达，然

后通过酵母细胞发酵产生大豆血红素。实验结果表明，纯化得到的毕赤酵母菌株中表达的 LegHb 蛋白质纯度大于 65%，以这种方式生产的大豆血红蛋白已经在基于植物的肉制品中进行了测试，浓度高达 0.8%。安全测试结果表明，添加毕赤酵母发酵生产的重组大豆血红素的食品不太可能对消费者产生不可接受的过敏性或毒性风险。通过微生物发酵法获得的大豆血红蛋白，未来将在人造肉及其他食品领域发挥更大的作用。

（二）发酵工程在甜味剂中的应用

能够赋予食品甜味的食品添加剂通常被称为甜味剂。甜味剂通常具备以下几特点：引起的味觉良好、安全性高、稳定性好、水溶性好、价格合理。甜味剂在很多食品中有所应用。适量地使用甜味剂既可以使产品获得良好的口感，又能使食物保持新鲜的味道。

甜菊糖俗称甜菊糖苷（stevioside），是一种植物无热量代糖品，它是从菊科植物甜叶菊的叶子中提取出来的一种糖苷。甜菊糖苷的安全性已通过对其分解代谢及其作为食品添加剂的用途的研究得以确定，并在许多国家得到普遍使用。甜菊糖苷由二萜类甜菊醇骨架组成，在骨架上饰有 1～3 个葡萄糖。甜菊糖的甜度是蔗糖的 200～350 倍，但热量只有蔗糖的 1/300。甜菊糖的甜度高、热量低，是一种基本不会在人体内残留的天然食品添加剂。因其热量较低，甜菊糖可以用来制作一些低热量的食品供给一些特殊人群（如糖尿病、肥胖人群、三高患者）食用。此外，甜菊糖苷具有独特的清凉、甘甜特点，可以用来制作糖果，也可用作矫味剂，抑制一些药物或者食品的怪味和苦味。

在所有糖苷中，五糖苷 RebD 是最甜的，且苦味低，六糖苷 RebM 具有高甜度、快速和干净味道的特性，因此 RebD 和 RebM 是目前高潜力的天然甜味剂。但是 RebD 和 RebM 只存在于甜叶菊叶中，且含量非常低（约占干重的 0.4%～0.5%），这使得从甜叶菊植物中纯化这两种化合物用于工业用途不切实际且成本高。编码 SGs 包括 RebD 和 RebM 生物合成的基因已被筛选鉴定，SGs 的合成途径已成功在酿酒酵母中表达，酵母微生物提供了 RebD 和 RebM 的异源生产替代场所。因此，人们可以通过酵母发酵来生产存在于甜叶菊叶片中的 RebM 和 RebD 分子，有望借助微生物发酵技术实现大规模生产下一代甜叶菊甜味剂。

（三）发酵工程在营养强化剂中的应用

营养强化剂指为了增强营养价值而向食品中加入的天然或者人工合成的属于天然营养素范围的食品添加剂。营养强化剂是一类重要的食品添加剂，用于补充人体部分营养素，在食品中添加营养强化剂可以增强食物的营养成分，增加人们因某些原因所缺少的部分营养，将影响人们身体健康的风险降到最低。营养强化剂的作用不仅仅是减少疾病、调节健康，借助营养强化剂预防疾病甚至治疗某些疾病已经成为营养强化剂发展的新方向。

维生素 K_2 是应用最早的一种营养强化剂，它能够有效地预防血管钙化和骨质疏松以及一些癌症的发生，同时能够补充人体内的蛋白质，促进凝血酶原的形成，加速凝血，保证凝血的正常，还能够有效地帮助骨头和血液保持正常。维生素 K_2 在食品中的含量极少，但也是人体必需的一部分。维生素 K_2 有着"铀金维生素"之称，同时维生素 K_2 也被广泛用于医药工业中。维生素 K 并非是一种单一的物质，而是一类具有醌类结构的脂溶性化合物。维生素 K 主要分为两种：第一种是维生素 K_1，也被称为叶绿醌，其主要来源于植物中；第二种即维生素 K_2，主要是微生物代谢产生的，最初来源于纳豆。

维生素 K_2 的常态为淡黄色粉末状。通常肠道内的细菌可以合成维生素 K_2，一般不会引起缺乏，但当大量使用抗生素，肠道细菌不能合成维生素 K 时，会引起缺乏症。维生素 K_2 是一类具有相同 2- 甲基 -1, 4- 萘醌环不同长度侧链的系列衍生物，由于异戊二烯侧链在 C-3 上的长度不同，维生素 K_2 可以分为 14 种，分别以 MK-n 表示（其中 n 表示侧链异戊二烯单位数）。其中，MK-7 是维生素 K_2 中最具生物活性形式的。

以前，人们主要从奶酪和日本纳豆等食物中获得维生素 K_2，但维生素 K_2 在食品中的含量非常少，因此通过细菌发酵是天然产生该活性成分的最好方法。然而，MK 产量较高的菌种不多，目前主要利用枯草杆菌发酵生产 MK-7。NattoPharma 公司利用具有高生产能力的芽孢杆菌,并以蔬菜基质来发酵生产 MK-7,经提取纯化和浓缩后,可获得不含已知过敏原的优质活性成分。目前,对微生物法生产维生素 K_2 的研究主要体现在菌种的诱变和发酵条件的优化上。Yoshinori et al. 利用紫外和亚硝基胍结合的诱变方法,筛选得到一株枯草杆菌 OUV23481 高产菌株,其产量高达 1 719 μg/100 g,是出发菌株产量的 2 倍。最近,Novin et al. 利用牛奶作为培养基发酵纳豆芽孢杆菌生产维生素 K_2,经过条件优化后,制备得到一种富含 MK-7(3.54 mg/L)的乳制品。国内方面,杜亚飞 等对纳豆芽孢杆菌进行 DES 诱变和紫外诱变,筛选得到维生素 K_2 高产的营养缺陷型菌株,并通过响应面优化,产量最终达到 51.23 mg/L。

(四)发酵工程在功能性食品添加剂中的应用

大多数食品除了具有营养功能和感觉功能外,还具有调节高级生命活动的功能,具备该特性的食品又被称为功能性食品,其中的有效成分则被称为功能性食品成分。这些功能成分具有生理活性,它们可对人体内固有的生理调节因子发生刺激作用,或与人体内的特定组织器官发生作用,使其功能增强或受到抑制,从而对生命活动进行调节。

虾青素(虾红素)是一种橙红色脂溶性的类胡萝卜素,易溶于有机溶剂中,具有较强的天然抗氧化性,被称为"超强维生素",是迄今为止人类发现的自然界中最强的一种抗氧化剂。在自然界中,虾青素大都存在于微生物(如酵母、微藻、细菌)、甲壳类动物(如虾、蟹等)、鱼类和一些鸟类的体内。虾青素具有提高免疫力、抗癌、抗氧化等生物学功能,因此具有广阔的开发潜力,在化妆品、保健品、医药、水产养殖和饲料添加剂等方面均具有很大的利用价值和发展潜力,常被作为功能性食品添加剂用于食品、保健品或药品中,对改善人类健康具有切实意义。同时,虾青素具有提高水产动物产卵率、促进生长和抗病防病的效果。在过去,人们主要从甲壳类动物中提取虾青素,但是其经济和环境成本较高。虾青素也可通过化学合成的方法获得,但化学合成虾青素费用昂贵,且多为顺式结构,与天然虾青素不同。现在,人们更倾向于利用酵母发酵的方法生产虾青素，这种方法具有易操作、环境友好、成本低等优势，且虾青素提取后的菌体单细胞蛋白可作为饲料添加剂，是一种极具产业化前景的天然虾青素生产方法。Nextferm Technologies 利用酵母发酵生产的虾青素与藻类来源的虾青素相比，该虾青素具有略微不同的微型结构，其功效是其他虾青素的 4 倍。目前，对于虾青素的发酵研究主要集中于虾青素高产菌株的筛选和改造上，其中红发夫酵母生产虾青素产量较高，是实现虾青素工业化生产的途径之一。

EPA 与 DHA 是两种人体必需的多不饱和脂肪酸，一般存在于海藻和深海鱼类的脂肪中。EPA 和 DHA 对人体的健康有着重要的意义，EPA 可以预防心血管疾病、免疫性疾病、牛皮癣、风湿病和肠道疾病等，而 DHA 能够治疗抑郁症、保护视力和促进婴幼儿脑部发育。目前，EPA 和 DHA 的主要来源仍然是鱼油，但是鱼油的质量受到鱼的种类、捕捉季节和捕捉地域的限制，鱼油成分复杂、异味重，纯化成本非常高，这大大阻碍了 EPA 和 DHA 的大规模生产和商业应用的发展。一般而言，微生物包括藻类、海洋细菌和真菌，都能合成 EPA 和 DHA 等不饱和脂肪酸。微生物发酵法生产的 EPA 和 DHA 具有稳定性较好，可以人为控制，更易于分离纯化和工业化等优点，这也是近年来研究的热点。其中，裂殖壶菌可通过异养繁殖生长，其生长繁殖快，耐受机械搅拌，适宜发酵罐大规模培养。美国婴儿食品原料制造商 Martek 已成功利用裂殖壶菌生产 DHA，生物量干重可达到 170 ～ 210 g/L，其中脂质占 50%。目前，该菌已被用于 DHA 的工业化生产，其细胞油脂含量高，发酵产品的生产不受季节影响，无毒物污染，成分稳定。国内外常见的裂殖壶菌生产的多不饱和脂肪酸主要以 DHA 为主，产量为 0.33 ～ 41.3 g/L，而生产 EPA 较少，这一方面的研究工作还有待加强。

（五）发酵工程在多糖类食品添加剂中的应用

生物多糖是由通过糖苷键连接的长链单糖单元组成的高分子碳水聚合物。天然产物中多糖的结构复杂，支链结构多样，但其主链的基本结构通常是葡聚糖、木聚糖、果聚糖、半乳聚糖及甘露聚糖等，或者两种或多种单糖的聚合物。根据聚合度和分子量不同，生物多糖可分为低聚糖和高聚糖。许多生物多糖具有抗氧化、抗衰老、抗肿瘤、降血脂和提高免疫力等功效，可以当作营养强化剂来增强食品的功能，在食品工业中还可以作为增稠剂和保鲜剂使用。此外，生物多糖还能防止淀粉老化，改良淀粉品质。因此，生物多糖的提取及生产技术的研究日益受到广泛关注。生物多糖在自然界中广泛存在，一般可从高等植物、真菌、藻类和细菌等中获得，但从植物中直接提取分离的多糖纯度和效率较低。目前，微生物发酵技术已成功用于发酵生产细菌和真菌多糖，也有利用微生物发酵技术促进生物多糖的释放及生物活性。

灵芝是一种名贵的食药用真菌，在食品中的应用非常广泛，不仅可以作为药品和功能性保健食品使用，还可作为添加剂被制作成各种功能性复合调味品，如灵芝酱油和灵芝醋等。作为灵芝最重要的药理活性成分之一，灵芝多糖具有重要的生物学功能，除了具有抗氧化、抗肿瘤、抗辐射等生物活性外，还具有免疫调节、降血糖等药理作用。传统栽培的灵芝容易受到环境、栽培方式等因素的影响，且生长条件难以控制，质量差异较大，子实体中活性成分质量不稳定，而且生产周期较长，栽培成本较高。随着生物技术的不断发展，目前具有操作简单、周期短、可大规模生产等优点的液体发酵技术已被广泛应用于灵芝多糖的生产。FengJ et al. 利用液体深层发酵技术对灵芝菌丝体进行发酵，生产灵芝多糖，并通过中心复合试验设计法对其发酵培养基进行优化，在 5 L 和 50 L 发酵罐中，灵芝多糖的产量分别高达 2.59 g/L 和 2.65 g/L，有效地提高了灵芝多糖的产量，且获得的灵芝多糖具有良好的免疫活性，优化后的发酵工艺可以用于灵芝多糖的大规模生产。

铁皮石斛是另外一种重要的药材，具有极高的药用价值和食用价值，也被广泛用于调味品如酱油、调味汁和料酒中，以增强调味品的营养。铁皮石斛多糖的含量和活性决定了铁皮石斛的品质。微生物具有丰富的酶系，能够分解转换物质并且合成次级代谢产物。铁皮石斛的成分和结构复杂，使得其活性物质尤其是多糖被包裹，药性不能得到完全释放。

为此，人们通过微生物发酵技术破坏铁皮石斛的细胞壁，以促进中药活性物质的释放，提高多糖的提取率。此外，人们发现微生物也可以通过代谢提高多糖的生物活性。王丹 等利用不同的微生物对铁皮石斛水提液进行纯种发酵，发现微生物发酵可以降低铁皮石斛多糖的分子量，并且可以提高铁皮石斛的抗氧化活性和体外降血糖活性，为纯天然绿色铁皮石斛的多糖研制成降糖保健品奠定了基础。

水苏糖是一种天然存在的功能性低聚糖，能够增殖肠道益生菌，抑制腐败菌生长，具有促进肠道蠕动的作用，同时能保护人的肝功能，增强机体免疫力。水苏糖还可以作为一种新型食品添加剂使用。从天然原料中直接提取的水苏糖产品纯度较低，限制了它的应用。舒丹阳 等以草石蚕糖液为原料，利用混菌发酵技术生产高纯度水苏糖，精制纯化后的水苏糖含量高达 78.13%，为高纯度水苏糖的大规模生产和应用提供了理论和实践指导。

四、食品发酵工程的应用进展

现代发酵工程不仅能够改善食品营养价值，赋予食品独特的感官品质和更长的保质期，还能够用于生产各种功能性食品甚至未来食品。

（一）改善了传统发酵食品的品质和安全性

一些传统发酵食品在品质和安全性上仍需提升，生物技术即传统发酵食品升级换代的最有力工具。例如，优质起泡酒的生产在很大程度上得益于生物技术的发展。在起泡酒的陈化过程中，酵母会发生自溶，从而释放出许多细胞壁和细胞质成分。这些物质对起泡酒的质量和风味有一定的影响。Garofalo et al. 通过对葡萄表面的天然酵母进行完整多相表征，并检测发酵过程中挥发性化合物的生成，为起泡酒量身定制了基因型及表型的筛选策略，为一次发酵和二次发酵的发酵剂选择及工艺控制提出建议。酶处理和对筛选出的酵母进行固定化处理也对起泡酒的品质起到了明显的提升作用。酱油和米酒的酿造过程中可能会产生 2A 级致癌物氨基甲酸乙酯。酱油酿造中的氨基甲酸乙酯主要是由乙醇和前体物质瓜氨酸自发反应生成的，而瓜氨酸是由精氨酸经过三个酶促步骤合成的。因此，为了减少精氨酸向瓜氨酸的转化，Zhang et al. 从醪糟中分离出一种能够大量消耗精氨酸的耐盐菌株芽孢杆菌 JY06，发现发酵过程中添加该菌株可在保持良好风味的同时显著降低甲酸乙酯的含量。米酒中的甲酸乙酯则主要由乙醇和尿素自发合成，Wu et al. 等通过在酿酒酵母中过表达 DUR1、DUR2 和 DUR3 来创建半合成微生物群落，与使用原始微生物群落相比，使用半合成微生物群落发酵出的米酒中氨基甲酸乙酯的生成量分别减少了 87% 和 15%。

（二）创制未来食品

迈入 21 世纪，随着人口增长和气候变化，营养、安全、可持续的食品供给面临巨大挑战，以"人造肉""人造蛋"和"人造奶"为代表的未来食品将在今后很长一段时期内引导人工合成食品的走向，并有望作为传统农业的补充，成为新的食品生产方式。未来食品主要利用食品合成生物学等手段，设计和构建具有特定合成能力的细胞工厂，利用可再生原料，通过现代生物发酵技术生产出食品组分并增强其色、香、味，以解决食品供给不足或生产方式不可持续等问题。研究最多的"人造肉"，主要包括利用纤维结构化的植物蛋白肉和基于干细胞、组织工程的细胞培养肉两种。为赋予"人造肉"真实的颜色和风味，科学家利用大肠杆菌、毕赤酵母和酿酒酵母等多种微生物通过代谢工程和合成生物学合成了多种血红蛋白。其中，在毕赤酵母中表达的大豆来源的血红蛋白已经用于人造肉的着色。除蛋白外，由产酯酵母合成的不饱和脂肪酸酯也可以适量地添加进"人造肉"中，以模拟出更加真实的肉味。

（三）开发新型益生食品

很多传统发酵食品，如酸奶、泡菜中包含多种益生菌和益生元成分，因此发酵食品是益生菌进入人体的优良载体。近年来，传统的益生食品也向着规模化、多元化、定制化的方向发展。以发酵乳制品为例，早在 2018 年，中国乳制品市场中发酵乳销售额首次超过牛乳，消费规模占国内益生菌整体市场的 78.4%，益生菌发酵乳产品已形成千亿元的庞大市场。除了被广泛认可和应用的传统益生菌，如双歧杆菌属、乳杆菌属、乳球菌属等外，阿克曼菌、解木聚糖拟杆菌、脆弱拟杆菌、多形拟杆菌等具有大剂量使用时增进健康、缓解疾病的功能，被称为"下一代益生菌"。不同的益生菌本身和其生物活性代谢物具有多种生理功能，除了改善人体的肠道环境外，还在血压、血糖、过敏、视力等方面发挥作用。中国的科研团队致力开发适用于中国肠道环境的新型益生菌种及益生食品。除发酵乳制品外，充分利用果蔬资源中多糖、果胶、花青素、多酚类化合物、膳食纤维、黄酮类化合物等益生元，制备含有活性益生菌的果蔬汁及其发酵饮品等技术逐渐得到了推广和应用。

第六章 食品酶技术及应用

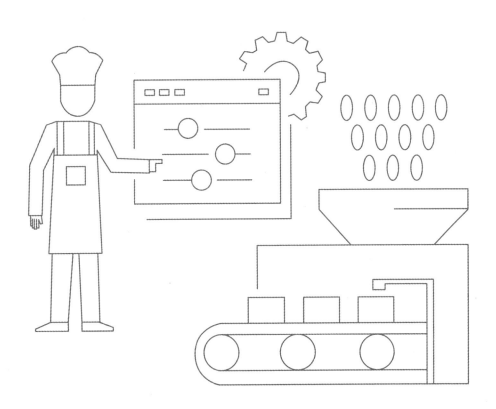

第一节　食品酶工程关键技术

食品酶工程的作用如下：稳定或增加营养价值；改良食品的颜色、风味、形态和质地；方便储存；便于加工；增加食品价值和品类；批量自动生产；剔除不良成分和保护有效成分；进行食品快速、专一、高灵敏度检测分析。由于生产的食品越来越多，酶的使用范围也越来越广，但很多酶的成分和作用不能充分满足食品产业需要。因此，研制新型的食品酶、攻克技术难题是目前应该重视和解决的问题。

一、酶的提纯与分离

食品酶工程中的基础技术为酶的提取及分离纯化。直接提高酶的产出率和保持高活性的状态是其他技术的应用基础。当前，分离纯化的方法大致有六类。

（1）沉淀分离：经加入其他物质或更改一些条件，让酶不易溶解而从溶液中沉淀析出。

（2）离心分离：依靠离心力让质量、密度、大小不同的物质在不同的条件下分别析出。

（3）过滤和膜分离：利用过滤介质过滤混合物中不同大小、形状的物质，从而实现分离。

（4）层析技术（色谱技术）：依赖物质具有不同的物理化学性质，把不同成分的化合物分开。

（5）电泳分离：根据酶的运动方向与本身所带电荷相反、运动速度与电荷数量和分子量等固有性质相关等原理而实现分离。

（6）萃取分离：根据各种化合物在两种互不相溶的溶剂中的溶解性不同而获得分离。

二、固定化酶

固定化酶是经过特殊的方法，将游离酶固定在特定的载体或空间内，使酶无法自由活动但结构仍然完整。固定化酶的优点很多，如同一类型的固定化酶能反复使用很多次、连续完成自动化的生产工艺流程等。酶被固定化后能与反应物快速分离，从而有效掌控生产过程，减少不良加工条件造成的酶失活问题，还为研究酶动力学提供了条件。目前，固定化酶的常用制作方法有吸附法、包埋法、共价结合法、结晶法、分散法和热处理法，常见的固定化材料有无机、有机载体材料，复合载体、磁性纳米材料等新型固化材料也相继问世，这些都加快了固定化酶产业的发展。

三、动植物细胞培养产酶

动植物细胞培养产酶是利用特殊技术手段获取优质的动植物细胞，然后在特定条件下对获得的细胞进行体外规模化培养，从而获得所需要的酶。蛋白酶、抗氧化酶等多从植物细胞中获得，而胰蛋白酶、凝乳酶等一般从哺乳动物细胞中获得。

四、生物酶解

动物蛋白质在对应蛋白酶催化作用下分解为小分子的蛋白肽及氨基酸，适度水解不但可以保存或增加食品的营养价值，而且在酶解过程中释放的气体含有类似肉香气物质，能够提高食品的感官品质。此项技术的应用有利于营养物质的消化吸收，降低过敏反应的发生率。淀粉酶能水解淀粉，生成可溶性糊精及少量的麦芽糖和葡萄糖，在制酒工艺中起到一定作用。另外，酶解法可以提取各种植物膳食纤维，如提取菠萝叶可溶性膳食纤维等。

五、酶联免疫分析

该技术基本原理是将抗原－抗体免疫学反应与酶学催化反应结合，

以酶促反应具有的放大作用来显示初级免疫反应。在底物参与下，复合物上的酶催化底物，水解或氧化还原为另一种物质。由于产生的降解底物与显色程度呈正比，人们可根据显色程度间接确定其是否存在未知抗原并计算其含量。该方法灵敏度高、特异性强，简便快捷，应用广泛，可以检验食物中残留的药物、重金属、病菌等成分。

六、酶生物传感器

1967年，葡萄糖氧化酶电极开始用于定量检测血清中葡萄糖的含量，这是酶生物传感器发展的开端。此后，酶生物传感器经历了3个发展阶段：第一代酶生物传感器是以氧为中继体的电催化；第二代是基于酶介体的电催化，目前应用最广泛；第三代是酶与电极直接进行电子传递，目前尚未大规模应用。酶生物传感器的基本结构单元由固定化酶膜（识别元件）和基体电极（信号转换器）构成，当酶膜发生酶促反应，基体电极对产生的电活性物质发生响应，让化学信号变成电信号，从而准确地检验复杂混合物中的特定成分。与传统的分析技术相比，酶生物传感器成本低、体积小、灵敏度高，能连续快速地监测。该技术多用于食品检验领域，如使用特定的酶生物传感器对食品中的亚硝酸盐进行快速检验。

第二节　酶技术在食品加工中的应用

随着人类社会的进步和发展，食品加工工艺也不断发展和完善，促进了人类体力和智力的提升。本质上讲，酶就是催化活性的生物分子，主要以蛋白质的形式存在。与其他催化剂相较，酶具有多重优点，如底物专一性强、反应条件缓和、反应效率高和副产品少等。近年来，酶技术在食品加工过程中的应用越来越广泛，如谷物加工、果蔬加工、肉类加工、乳制品加工等。

一、谷物加工

谷物以及谷物加工是一种老牌的传统项目，长期存在产品附加值不高等问题，而酶技术的进步和应用可以有效缓解这一问题，最大限度地提高谷物加工的营业利润。淀粉是谷物中重要的营养物质。新型酶制剂在食品加工中应用的典型代表就是小麦，可以实现淀粉的分离，淀粉生产酒精的调浆、液化、糖化以及生料转化，等等。许多食品的制造者也抓住这一技术应用，迎合大众的心理需求开发出膳食纤维等新兴保健产品。

膳食纤维是食品的重要组成部分，主要由水溶性和水不溶性的纤维物质构成，在生理调节方面发挥着重要作用。目前，膳食纤维的提取渠道较为广泛，但谷物仍是其最主要的来源，最典型的就是抗性糊精。抗性糊精是一种低热量葡聚糖，属于低分子水溶性膳食纤维范畴，是由谷物淀粉加工而来的。不同于谷物淀粉，抗性糊精是一种低分子纤维物质，其加工提炼主要通过酶制剂的降解，如 α - 淀粉酶、糖化酶、普鲁兰酶和转苷酶等。抗性糊精的质量和产量也受酶制剂的影响。

二、果蔬加工

果汁加工是果蔬加工复杂的环节。果品中的植物细胞蕴含丰富的果胶类物质，由于其黏稠的特性，在榨汁、过滤和澄清等过程的难度比较大。而果胶酶的使用就会大大缓解这一问题，加速果肉中果胶的降解，使其黏度降低，进而提升榨汁的速度和质量。果实的淀粉含量是影响果汁生产的又一个影响因素，淀粉含量过高会导致果汁黏稠、浑浊，淀粉酶则会加速实现淀粉的水解。因此，在果汁加工过程中，综合使用淀粉酶和果胶酶定会为果汁生产的质量和速度提供保证。

以我国柑橘汁生产为例，其主要利用酸碱处理来去除橘子的囊衣，不仅效率低，还会产生许多废料和废水。如果在其中引入多半乳糖醛酸酶、果胶酶以及半纤维素酶，不仅可以有效去除橘子囊衣，还能大大降低废弃物的产生。

果蔬加工引入酶技术的另一个作用就是功能性成分的提取，通过使用酶制剂，可以大大降低功能性成分的损失，其中典型代表就是纤维素酶，如在芦笋中提取黄酮可以借助纤维素酶的催化。

三、肉类加工

随着社会的不断发展进步，人们开始追求低脂低盐的功能性肉制品，力求实现肉类食品中的营养均衡，这也对肉类加工产业提出了更高的要求。引入酶技术可以实现对加工过程的管理和监测，有利于产生并保持肉质独特风味，减少废弃物的排放。

作为一种传统的肉类加工工艺，肉类风干工艺可引入酶技术，借助碱性蛋白酶水解蛋白质，完善工艺环节，提高质量。在制作风干鸡的手段中，将传统工艺与先进的酶技术结合，可以有效提升食品的质量和风味。谷氨酰胺转氨酶会搭建出蛋白质分子间的桥梁，进而提升中式香肠的弹性和硬度，从而提升口感和质量。脂肪酶也会加速脂肪颗粒的水解，减少中式香肠中的多余脂肪，改善其硬度。

四、乳制品加工

乳制品加工属于畜牧业和现代食品加工的交叉领域，酶技术在该领域中的应用更加广泛。在传统奶酪的制作过程中，凝乳酶发挥着重要作用，但凝乳酶数量较少，主要产生于小牛的皱胃之中，难以满足食品加工行业日益增长的需求。因此，一些新兴的人工凝乳胶应运而生，大大缓解了市场需求问题。

在婴儿配方奶粉方面，酶技术也有涉及。奶粉中的牛乳脂肪与人体乳脂在脂肪酸组成方面存在较大的差异，不能完全符合婴儿成长中的营养需求。基于此，人们利用酶技术生产出酸组成与人类乳脂类似的替代品，进而满足婴儿的成长营养需求。

随着生物技术的发展以及基因工程的深入，食品的酶制剂会越来越多，而人们对食品质量和品种的追求和需要也会促成酶技术的发展。

第七章 食品冷藏冷冻技术及应用

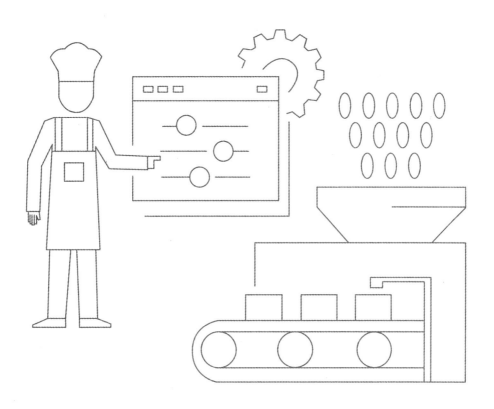

第一节　食品腐败变质的机制

一、食品腐败变质的生物因素

（一）微生物

食品的腐败变质与微生物的生长密切相关，细菌、霉菌、酵母等真菌等微生物是引起食品腐败变质的主要原因。其中引起食品腐败变质的细菌主要分为芽孢杆菌属和非芽孢杆菌属两类。芽孢杆菌属主要包括嗜热脂肪地芽孢杆菌、脂环酸芽孢杆菌、脱氧芽孢杆菌、地衣芽孢杆菌、羧状芽孢杆菌和杆状芽孢杆菌等。嗜热脂肪地芽孢杆菌常见于肉制品腐败变质中，其可耐受 70 ℃的高温。嗜酸芽孢杆菌常见于罐头类食品，枯草芽孢杆菌常见于奶油和烘焙食品，短小芽孢杆菌在烘焙类食品中也有发现，蜡样芽孢杆菌、地衣芽孢杆菌主要存在于鲜牛奶中且数量多达上千，脂环酸芽孢杆菌常见于果汁，莓实假单胞菌常见于冷冻肉，巴氏梭菌经常在桃子或梨等水果罐头中被发现。非芽孢杆菌属主要包括希瓦氏菌、假单胞菌、乳酸菌、热杀索丝菌和李斯特菌等。希瓦氏菌是海产品低温储藏中重要的腐败菌，常见于腐败虾中，其可在海产品加工过程中形成生物膜，从而加剧海产品的腐败变质。莓实假单胞菌是有氧冷藏海鲜中常见的腐败菌。Sterniša et al. 发现腐败鱼肉中存在莓实假单胞菌。铜绿假单胞菌主要存在于各种腐败变质的牛奶和肉制品中。Illikoud et al. 在低氧和真空包装的冰鲜肉类和鱼类中发现的优势菌为热杀索丝菌。

此外，肉类、家禽和鱼类产品的腐败与含氮化合物产量的增加密切相关，荧光假单胞菌是蛋白质类食品中的主要腐败微生物，其 RpoN 因子不仅能够调控病原菌的氮同化水平和毒力，还参与多糖代谢、氨基酸转运与代谢等腐败相关活动的活性。RpoS 因子参与调节抗性、酰化的高丝氨酸内酯（n-acyl homoserine lactones，AHL）群体感应系统和调节细胞外蛋白酶及挥发性盐基总氮，促进荧光假单胞菌的腐败活性，具体表现在对 H2O2、乙醇抗性的正向调节、乙酸的负向调节和 NaCl 的耐受性等方面，与野生型菌株相比，RpoS 突变体中 AHL 的产生及相关基因的转录显著降低。在荧光假单胞菌 PF07 中，AHL 合酶基因（luxI）和转录调节基因（luxR）组成的 LuxI/LuxR 同源物是生物膜形成及发生腐败变质过程中重要的群体感应因素，它与 RpoS 对抗性的调控有着协同作用。Wang et al. 发现 AprD 是假单胞菌分泌碱性细胞外蛋白酶的重要成分，细胞外蛋白酶可导致肉制品变质。通过脉冲场凝胶电泳（pulsed field gel electrophoresis，PFGE）分型发现腐败肉中单核细胞增生李斯特菌血清型为 1/2a、3a。

除此之外，引起食品腐败变质的主要微生物还有霉菌和酵母两类真菌。霉菌是一类可以将食品组织软化和解体的丝状真菌，镰刀菌属污染后可造成谷物和玉米的减产。Biango-Daniels et al. 通过模拟水分较低的腌制食品培养基中真菌活性的研究，发现海盐中存在着可致食品腐败变质的真菌，且部分具有毒性。GROOT et al. 利用液相色谱 - 串联质谱法（liquid chromatography-tandem mass spectrometry，LC-MS/MS）对分离自葡萄并培养的枯草芽孢杆菌检测发现，富集的抗真菌脂肽可抑制霉菌生长。Zhang et al. 利用蛋白质组学进一步发现，胰蛋白酶处理的枯草芽孢杆菌培养物能够抑制巨峰葡萄霉菌的生长。与霉菌不同的是，酵母是一种可耐受高盐和高糖的兼性厌氧真菌，它能够引起果汁、葡萄酒、蛋黄酱、巧克力和饮料等高糖食品的腐败变质，其中大多数果汁和蔬菜汁变质的主要因素是原料中存在天然酵母。Kesmen et al. 发现腐败水果中的酵母数量为（log3.53 ± 0.26 ~ log5.90 ± 0.13）CFU/g，不同类型水果中的腐败酵母也有所不同，孢汉逊酵母一般存在于草莓、橙子、杏、苹果和桃子等水果中，克鲁维毕赤酵母一般存在于枇杷、草莓、橙子和桃子等水果中。酵母样真菌、出芽短梗霉菌和隐球菌及红酵母和掷孢酵母中的担子菌等会引起植物茎和果实的腐败变质。Shwaiki et al. 发现大麦胚乳衍生合成的防御素肽对酵母有抑制作用，目前已应用到果汁的防腐中。

（二）酶

活性酶的高水平表达也是引起食品腐败变质的主要因素，其中可引起食品腐败变质的酶类有很多种，但根据其来源可将其分为两类，即内源性酶和外源性酶。一般情况下，微生物和高等植物的组织中都含有果胶酶，其可分解茶叶、咖啡、葡萄中的果胶物质，从而加速发酵和腐败的进程。Poveda et al. 发现南极海洋丝状真菌分泌的果胶酶可分解果胶，并破坏植物细胞壁，豌豆果胶在酸性乳饮品中有较低的黏度和蛋白分散性，可能影响饮品的质地和口感。芽孢杆菌和假单胞菌可产生蛋白酶和脂肪酶，其中原奶中的芽孢杆菌属可以产生不止一种分子量的蛋白酶，荧光假单胞菌和沙雷菌等菌属中有着较高水平的蛋白水解酶活性，不动杆菌具有较高的脂解酶活性，来自假单胞菌属的蛋白酶的分子量在 40 kDa 左右，其可分解牛乳中的 α–酪蛋白和 K–酪蛋白并产生苦味短肽和氨基酸，β–半乳糖苷酶可催化牛奶中 β–1,4–半乳糖苷键的水解。此外，奶油布丁中存在淀粉酶、脂肪酶和蛋白酶，Nuwan et al. 在原奶中检测到细菌磷脂酶 C，其可降解乳脂球膜表面的磷脂。

大多数微生物来源的酶具备一定的热稳定性，巴氏杀菌和超高温等热处理不足以灭活酶的活性。杧果中果胶甲酯酶是最耐高压的酶，番石榴中果胶甲基酯酶也具有较高的热稳定性，牛奶中的假单胞菌会产生肽酶和脂肪酶等细胞外耐热水解酶，在奶粉制造过程中（60 ~ 75 ℃下）仍然能保持较高的催化活性。蛋白酶比脂肪酶更加稳定，其可在 70 ~ 90 ℃热处理后仍旧保持活性。当多种热稳定脂肪酶同时存在时，它们的热稳定性会有所增加，但酶的产生受温度、铁含量等环境因素的影响，当 pH 低于 5 时，腐败肉中酶的活性会有所降低，同时细菌自身的群体感应会影响生物膜内酶的表达，如假单胞菌属表达的 AHL 或其他相关产物已被证明可增强编码蛋白酶基因 aprX 启动子的活性，从而增加蛋白酶的产量。

二、食品腐败变质的变化

（一）感官变化

食品腐败变质过程中会产生多种与变质相关的代谢产物。食品是否腐败变质，最直观的变化是看其颜色和质地等感官性状是否改变。当前，新鲜食品腐败变质开始多由微生物大量滋生引起，根据食品中营养成分的不同，表现出的颜色或质地上的变化也相同。

肉类食品因其营养浓度和水分含量极高成为最易腐败的食物之一，不同肉制品腐败发生的变化也不尽相同。富含脂类的食品中的不饱和脂肪酸被分解后会释放出难闻的醛，变质肉类的腐臭气味是由蛋白质和含硫氨基酸被分解产生的。牛羊肉在腐败初期，低浓度的孢子甚至单个梭菌孢子便可导致其变质，当微生物数量达到 107 CFU/cm² 时就会出现明显的感官变化，如发臭、变色和变黏等。此外，肉类腐败颜色和性状的样式也有多种，如干腌火腿的黑斑、胡须状蓝绿色斑点肉和产生二甲硫醚出现"白菜样"气味。兔肉颜色受肌红蛋白、脂质和蛋白质氧化的共同影响；鸡肉中假单胞菌和气单胞菌的生长繁殖使总挥发性盐基氮和 pH 迅速增加，导致异味和黏液产生；熟虾腐败后会产生双乙酰、3- 甲基丁醛和 3- 甲基 -1- 丁醇相关的类似酪乳的酸味和恶臭气味；腐败的鱼表面会形成一层黏液并产生异味。

牛奶中富含多种营养物质，是微生物生长最理想的培养基。细菌降解乳蛋白会产生难闻的苦味，其中肠球菌的发酵会产生酸奶味，脂肪酶分解乳脂产生的短链脂肪酸有着很强的腐臭、苦味和酸涩味。质地上，枯草芽孢杆菌分解蛋白质后会变黏，其在酸性条件下会凝结成黏稠的胶状物质。

相较于肉类和乳制品，关于面粉类食品中腐败的研究较少，其中存在于烘焙类食品中的短小芽孢杆菌和枯草芽孢杆菌会加剧腐败变质进程，主要表现在面包质地变软、外壳变色及甜瓜气味的产生等方面。蛋类食品因存在外壳不易被发现腐败变质的现象，外壳表面的微生物是使其腐败的主要原因。蛋壳表面主要存在 2.52 ~ 4.52 log CFU/egg 的葡萄球菌、链球菌和芽孢杆菌。此外，储存温度对其腐败变质进程有较明显的影响，室温下放置的鸡蛋腐败速度比冷藏放置的鸡蛋腐败速度快一倍，同时会释放 H2S 的异味。对于蔬菜水果类的新鲜食品，常见的腐败标志物是乙烯，即使在 0.1 μL/L 的质量浓度下也可以加速其腐败变质的进程。灰霉病会使新鲜的葡萄产生褐变、果肉组织破碎。柑橘类水果在采摘后会因霉菌的侵袭产生绿色或蓝色胡须状腐烂。

（二）化学变化

食品在腐败变质过程中，营养物质会被微生物或活性酶分解成小分子化合物，进而衍生出不同的化学物质。荧光假单胞菌、沙雷菌和芽孢杆菌等病原菌具有较强的蛋白水解能力，其中游离的氨基酸脱羧可产生生物胺（biogenic amines，BA）。生物胺存在于包括海鲜在内的多种食品中，其腐败过程中会释放氨基酸残基，同时生成酪胺、腐胺、β - 苯乙胺和尸胺。Guzzon et al. 发现酒香酵母（brettanomyces bruxellensis）可以发酵红酒并产生乙基酚和各种胺类（如乙醇胺、甲胺、尸胺和组胺等），还能水解花青素释放葡萄糖，导致红酒颜色消失。游离氨基酸会在酶的作用下进一步代谢，如鸟氨酸脱羧酶（Odc）和鸟氨酸 / 腐胺（PotE）交换子相关基因可将鸟氨酸脱羧降低 pH，从而介导细胞免受环境影响。

食品腐败变质还会产生其他的化学物质，这被认为是异味和颜色变化的主要来源。其中具有毒性和刺激性的气味主要有硫化氢、氨气等，挥发性有机化合物主要包含醇、醛、酮、酯和酸。Fan et al. 在腐败醋中分离出的 TYF-LIM-B05 菌株以单糖、二糖和多糖为碳源产生乙醇，可以降解木质纤维素和其他碳水化合物。假单胞菌和肠杆菌都可代谢产生挥发性醛类有机化合物（如己醛、庚醛、苯甲醛和异戊醛等）、酮类和酯类有机化合物，前者还可将葡萄糖代谢产生丙酸酯和二氧化碳，莓实假单胞菌也可代谢产生乙酸乙酯，热杀索丝菌可在有氧条件下将葡萄糖代谢为乙偶姻和双乙酰，进一步通过基因组测序发现臭味化合物（如乙酰丁酸、丁二醇和脂肪酸等）代谢相关的基因和应激反应调节基因，可

能是异味的主要来源。Moschonas et al. 通过高效液相色谱法（high per-
formance liquid chromatography，HPLC）对香草奶油布丁的有机酸和糖类
物质进行检测，发现乳酸和单糖成分（葡萄糖和果糖）含量增加，甲酸、
乙酸和多糖（主要是蔗糖和乳糖）含量降低，从而证明奶油布丁腐败变
质的主要代谢产物为甲酸、乙酸、乳酸和葡萄糖，其他挥发性有机化合
物还包括硫化物、芳香族和脂肪族化合物等。

　　Magnaghi et al. 建立了鸡肉、牛肉、猪肉和鳕鱼片等肉类食品的腐败
模型，通过 pH 指示剂检测发现微生物可优先代谢糖产生乙醇和酸，导
致酸度升高；当糖耗尽时，微生物会转而代谢蛋白质，产生胺和硫醇。
腐败肉类中的硫醇可通过彩色阵列进行检测，但检测的时间与肉的种类
相关，鸡肉和鱼肉在 21 h 便可以检测到颜色变化，牛肉和猪肉在 48 h 后
才能检测到。腐败鸡蛋中尿嘧啶的增加会导致鸡蛋质地改变，蛋黄中的
焦谷氨酸含量会出现先升高后降低的趋势。此外，气体感应信号也可作
为食品早期腐败的标志，Shaalan et al. 通过等离子体增强化学气相沉积
合成了碳纳米管电子鼻用于检测香蕉中的乙烯，发现第 3 天乙烯浓度明
显升高，在梨汁发酵期间，酵母会发酵产生吲哚，同时产生类似乙烯类
物质的难闻气味。

三、食品腐败变质的鉴定

（一）感官检验

　　感官检验作为鉴定食品腐败变质的辅助手段，在食品腐败变质中后
期已有明显腐败特征时得出的结论才较为准确、直观和便捷，其主要是
利用人的感官功能进行主观鉴定，通过观察食品颜色和光泽的改变，或
通过鼻闻食品是否有酸、臭等异味，或触摸食品判断其是否变软、变硬
或变黏，或通过品尝食品味道是否正常来判断食品的腐败程度。虽然这
种检验方法具有一定优点，但具有很强的主观性，不适用于食品腐败的
早期鉴定。

（二）微生物检验

微生物检验通常用来检测食品中菌落总数、大肠菌群数、霉菌酵母数和致病菌的数量，一般情况下致病菌不得检出，但当活菌数达 108 CFU/g 以上时，可初步判定其处于食品腐败变质的阶段。Shaibani et al. 基于聚乙烯醇 / 聚丙烯酸水凝胶纳米纤维检测橙汁中的大肠杆菌，检出限可达 102 CFU/mL。Jin et al. 利用荧光共振能量转移检测牛奶中大肠杆菌，检出限低至 3 CFU/mL。Ledlod et al. 结合金纳米颗粒和适配体检测火腿中的李斯特菌、大肠杆菌和沙门氏菌，灵敏度可达 100%，相对真实度和特异性均超过 96%。

此外，还有对其他食源性致病菌和真菌的检测，Yi et al. 利用羧甲基壳聚糖负载适配体吸附金纳米检测牛奶中的伤寒沙门氏菌，检出限低至 16 CFU/mL。Liu et al. 开发一种基于流式细胞仪快速检测牛奶和奶粉中金黄色葡萄球菌的方法，检出限分别为 7.50 cells/mL 和 8.30 cells/g。Yin et al. 利用上转换荧光传感技术检测水、牛奶和牛肉中的病原菌。Teixeira et al. 结合环介导等温扩增（loop-mediated isothermal amplification，LAMP）技术和表面增强拉曼散射（surface enhanced raman scattering，SERS）光谱检测高温牛奶中的李斯特菌。Quéro et al. 建立的基质辅助激光解吸电离飞行时间质谱法（matrix-assisted laser desorption ionization time-of-flight mass spectrometry，MALDI-TOF MS）可替代传统检测技术，应用于食品和工业环境中腐败丝状真菌的检测。甄宗圆 等对肉类腐败微生物多样性的分析中，发现高通量测序技术能够在更深的层次上研究微生物种群的复杂关系，将凝胶电泳、荧光定量聚合酶链式反应、高通量测序技术等多种方法联用能够更好地监测食品腐败变质过程中微生物的动态变化。

（三）小分子标志物的检验

除了感官检验和微生物检验，基于小分子标志物检验建立的传感器方法也常用于对食品腐败变质的鉴定。根据腐败小分子物质的不同，传感器可分为不同的类型，而较为常见的检测方法有利用气相色谱质谱法定性定量检测挥发性化合物、基于 pH 变化制备的检测标签等。Kim et al. 研究发现，利用金属有机框架（metal-organic frameworks，MOF）SERS 光谱，通过 4- 巯基苯甲醛进行功能化修饰后，能够定量检测鲑鱼、鸡肉、牛肉和猪肉中的腐胺和尸胺。Pandey et al. 通过荧光传感器实时定量检测牛奶腐败及尿素掺假，检出限可达 9.3 mmol/L。

　　近期有研究者利用硫化氢、氨气、挥发性胺类及挥发性盐基氮等制备有效的气体传感器，同时结合导电聚合物制备能够检测包装食品中氨气的电化学气体传感器，在降低成本的同时使仪器小型化，更有利于对食品腐败的鉴定。Durugappa et al. 基于生物胺检测发明了鉴定海产品、肉类及乳制品腐败的传感器，其可在室温下 4 ~ 8 h 内产生肉眼可见的颜色变化。Xiao et al. 发明基于硫化氢荧光探针鉴定鸡蛋和鱼腐败变质的传感器，发现室温放置 2 d 后，无蛋壳的鸡蛋和鱼有荧光且颜色有差异，显示其已腐败，相反有蛋壳的鸡蛋和冷藏放置的鱼无荧光，显示其未腐败。纳米传感器相比传统传感器在检测速度和灵敏度方面均有较大提升，其可同时检测一种或多种特征信号。基于 MOF 检测 BAs 气体可实现对食品新鲜度的实时监控；通过非接触式无线射频识别传感器可实时监控供应链条中牛奶的质量；基于还原氧化石墨烯 - 碳纳米管（reduced graphene oxide/carbon nanotuber，rGO-CNT）复合材料结合脉冲伏安法的生物传感器可检测 101 ~ 108 CFU/mL 小分子靶标的浓度。

四、防腐剂的应用

（一）充分利用食品防腐剂的抗菌特性

1.pH 敏感性

　　在食品防腐过程中，防腐剂的防腐效果受 pH 影响较大，酸性防腐剂尤为突出。醋酸的作用机理是通过添加氢离子降低 pH，抑制微生物群落增长，而苯甲酸和山梨酸的作用机理是通过分子状态在菌体内部的抑制效果控制菌体增生。由此可见，分子态含量决定了抑菌的效果。以上这类防腐剂属于弱酸型防腐剂，所以 pH 能够影响其电离平衡、溶解度。

此外，尼泊金酯类与这些防腐剂存在差异，其羟基被酯化，所以防腐效果不会受到 pH 的影响。

2. 溶解特性

油和水中的防腐剂溶解度对食品脂肪含量高的食品防腐效果有一定的影响。微生物仅可以在水相中生存，而防腐剂进入油中会出现损失，所以在此类环境下，水溶性大与油溶性小防腐剂的防腐效果更佳。

不同的食品防腐剂在抗菌特性方面存在差异，目前不存在某种食品防腐剂可以抑制所有微生物的情况。但是，对于所有微生物种群而言，都存在相对可以起到抑制其生长的某种防腐剂。例如，脂肪酸单甘油单酯既能够抑制细菌生长，也能抑制芽孢生长。月桂酸甘油单酯和单辛酸甘油酯在抑制 G+ 菌和真菌时效果良好，月桂酸中的蔗糖酯可以起到良好的抑制 G- 菌效果。在抑制酵母和霉菌方面，有机酸和有机酸酯类效果优良，尼泊金酯类的特点是抗菌性更强，在抑制霉菌生长方面效果更好。长链尼泊金酯可以更好地抑制 G+ 菌生长，而对于 G- 菌的抑制效果不及短链尼泊金酯。脱氢醋酸钠也能起到抑制 G+ 菌作用，但是在抑制 G- 菌方面性能最差，其抑制效果几乎不存在。低 pH 条件下丙酸钙能够有效抑制霉菌生长，但是无法对细菌起到抑制作用，其无法影响酵母生长发育。在高氮量食品的防腐处理中，乳酸链球菌素能够有效控制 G+ 菌数量，低 pH 环境下使用苯甲酸，可以有效控制真菌、酵母群落的生长。

（二）生存环境在控制微生物生长方面的作用

1. 低温对微生物的控制作用

如果环境温度发生明显变化，那么微生物种群数量和类型也会发生变化。荚膜菌与肉毒梭菌在 12 ℃以下的环境下生长发育基本停止，肉类梭菌在 3.5 ℃以下无法继续生长。而微生物在 0 ℃以下繁殖与增长受到较大限制。一般而言，在进行食品冷冻时，降低温度能够起到良好的防腐效果，如将在 –18 ℃或更低温度环境下能够彻底抑制微生物繁殖。

2.pH 对微生物的控制作用

通常而言，微生物生长所需的最佳 pH 处于 5 ~ 8。耐酸性霉菌和酵母菌在酸性条件下能够生长与发育，所以在酸性高的食品中，细菌超标是导致食品发生腐败变质的主要因素。耐酸性最强的群落为醋酸杆菌和乳酸杆菌。相对而言，细菌耐酸性较差，菌体在酸性环境下质子能够通过细胞膜向外界流动，因此细菌亚结构受到破坏。在 pH < 4 的环境下，霉菌与酵母可以造成食品变质。在 pH 较低的环境下，防腐剂的抑菌作用需要在高 H+ 细菌环境下发挥，因为部分酸电离并不完全，未电离酸分子具有较强的亲脂性，因此这些酸性分子能够自由地在细胞内外流动，导致细胞内部环境发生变化。如果 pH 非常低，那么大多数食物中的有害群落都无法生长与发育，而 pH 为 4.5 是防腐效果的临界值，荚膜芽孢杆菌在小于 4.5 的 pH 环境下无法生长，大多微生物在 4.2 的 pH 环境下基本会受到抑制。

3. 水分活度对微生物的控制作用

判定食物中微生物繁殖可能性、食品变质情况和食品稳定性时，水分活性值这一指标十分关键。不同的微生物在耐水分活性方面的能力不同，正常情况下，细菌生存所需的水分活性值高于 0.9，霉菌的要求高于 0.7，酵母的要求高于 0.8。所以，有效地调节水分活性值可以起到一定的防腐效果。

4. 气体成分对微生物的控制作用

提高二氧化碳分压可以起到抑制微生物生长作用，作用机理是二氧化碳能够将胞内 pH 降低，同时抑制酶催化反应，从而影响细胞生长。如果氧在气体中的分压得到提升，那么多种微生物将无法生存。这是因为养分提升导致过氧化物游离基大量出现，细胞在遇到游离基时无法承受其带来的抑制作用。由此可见，需氧微生物无法正常生长在这类环境中，厌氧微生物由于不具备过氧化物游离基清除能力而无法生长。

（三）防腐剂的协同增效性

在抑菌范围上，不同的防腐剂效果不同。抑菌范围主要指应用防腐剂时，其对食品中微生物种类的抑制情况。如果食品染菌情况较为严重，说明该种防腐剂防腐效果不够理想；如果食品发生变质，说明防腐剂未能发挥防腐效果。因此，在加入防腐剂时，人们需要考虑加入的时间，若细菌处于对数期，那么其起到的防腐效果较差。不同的防腐剂在抑菌范围方面都有一定的差异，一些微生物在生长发育时也会形成较强的抗药性。因此，为了提升防腐剂抑菌效果，需要将多种腐剂混合应用，使抑菌的作用范围扩大。一般而言，复合防腐剂主要采用同类型防腐剂，一些食品防腐处理时还会添加防腐增效剂来提升防腐效果。山梨酸钾和过氧化氢混合可以保障食品中微生物被快速消灭，同时起到抑制微生物大量繁殖的效果。

五、群体感应对食品腐败的调控

（一）细菌的群体感应

细菌能够合成并释放一类被称为自诱导物（autoinducers，AIs）的信号分子，当细菌密度增加时，胞外的自诱导物浓度也随之增加，而 AIs 在其浓度达到一定阈值时会启动菌体中相关基因的表达来调控一些生物行为（如毒素、生物膜、抗生素、孢子和荧光等的产生），从而使得细菌能够适应环境的变化，这种细菌之间的细胞密度依赖性的信息交流现象被称为细菌的群体感应（quorum sensing，QS）。根据细菌和 AIs 的种类，目前研究较多、较清楚的典型 QS 可分为 3 种：一是革兰氏阴性菌的 LuxI/R 系统。在该系统中，LuxI 类蛋白催化革兰氏阴性菌特有的一类可自由进出细胞膜的 AHLs 的合成，LuxR 蛋白则负责识别 AHLs，进而激活下游靶基因的转录。二是存在于革兰氏阳性菌，以寡肽作为 AIs 的 QS。在该系统中，核糖体先合成自诱导肽前体肽段，该肽段经一次或多次转录后修饰形成有活性的自诱导寡肽，再通过专一性载体转运至胞外，积累至一定浓度后便会激活跨膜感应激酶，将信号传递至胞内的转录调节蛋白，进而调控靶基因的表达。三是用于不同菌种间交流的，多种革兰氏阴性菌及革兰氏阳性菌都采用的 LuxS/AI-2 系统。在该系统中，呋喃酮类信号分子 AI-2 由 LuxS 蛋白合成，再经某种载体转运至胞外，积累至一定浓度后便会激活跨膜感应激酶，将信号传递至胞内的转录调节蛋白，进而调控靶基因的表达。另外，细菌中还存在其他类型的 QS，如一些细菌还能够将 DKPs 类、三羟棕榈酸甲酯类和喹诺酮类等化合物作为 AIs。

完整的 QS 通常由 AIs 的分泌系统和感受系统两部分组成。近年来，人们发现许多细菌不分泌 AIs，但能够利用其他细菌分泌的 AIs 来调控自身代谢。例如，大肠杆菌、克雷伯氏菌、沙门氏菌和志贺氏杆菌中没有 AHLs 合成系统，但含有 QS 转录调节蛋白 SdiA，该蛋白可感受环境中的 AHLs，并调控这些细菌的某些代谢特征，如入侵性和耐受性等。

（二）QS 在食品腐败变质过程中的作用

在食品腐败过程中，通常只有一种或几种主要细菌对腐败变质负责，这些细菌能在食品中大量繁殖并产生异臭味和有毒有害物质，被称为特定腐败菌或优势腐败菌（specific spoilage organisms，SSOs），其生长繁殖是引起食品腐败的关键因素。QS 主要通过调控食品体系中 SSOs 某些性状的表达（如生物膜形成、降解酶活性和生长动力学参数等）来调控细菌的腐败特性，进而影响食品的腐败进程。因此，QS 对食品腐败变质影响的研究主要集中在 QS 对食品中 SSOs 的影响上。

1. QS 对水产品腐败变质的影响

QS 对水产品腐败变质影响的研究主要集中在大宗水产品鱼和虾上，而且相关的研究工作主要在中国开展。中国研究者綦国红在 2006 年发现鱼源假单胞菌分泌 AHLs 并调控其代谢产物（嗜铁素和蛋白酶）的产生。Gu et al. 证实了冷藏大黄鱼源波罗的海希瓦氏菌能够分泌 DPKs 可以激活 LuxR 受体基因，且能够调控其致腐能力。Zhu et al. 报道了外源 cyclo-（L-Pro-L-Leu）会显著缩短大黄鱼源波罗的海希瓦氏菌的延滞期，提高其指数生长速率，调控该菌生物膜、三甲胺及腐胺等腐败物质的产生，同时证实了该菌能够分泌 AI-2。崔方超 等指出，大菱鲆源荧光假单胞菌的生物被膜、嗜铁素和胞外蛋白酶等腐败因子受 AHLs 调控。在凡纳滨对虾的冷藏过程中能够检测到 AHLs（C6-HSL、C6-HSL、C8-HSL 和 0-C6-HSL）、AI-2 和 DPKs 三类信号分子，它们的活性均随着贮藏时间的延长而显著升高。这是国内首次以食品体系为研究对象直接检测冷藏凡纳滨对虾在冷藏过程中的信号分子种类，推进了 QS 与食品腐败之间关系的研究进程。总体而言，QS 对水产品腐败变质影响的研究还处在起步阶段，还需要进一步的研究以探明 QS 调控水产品腐败的机制。

2. QS 对畜禽肉及其制品腐败的影响

畜禽肉及其制品的腐败变质与水产品相似，主要由分解蛋白质、脂肪的腐败菌（肠杆菌、假单胞菌、热杀索丝菌、气单胞菌属和乳酸菌等）引起。一般而言，QS 能够分泌 3-0xo-C6-HSL，并通过 QS 调控同一环境中其他菌株的代谢，进而影响真空包装肉的腐败；在牛肉和鸡肉的贮藏过程中检测到 AHLs 活性，它们的 SSOs（假单胞菌和肠杆菌）能够分泌 3 种以上的 AHLs，同时 AHLs 的活性与假单胞菌蛋白酶的活性之间没有明显的相关性。AHLs 介导的 QS 通过降低冷藏猪肉源假单胞菌分泌的 AHLs 含量来降低自身及共存金黄色葡萄球菌、大肠杆菌和植物乳杆菌对肌浆蛋白的降解能力。腐败肉提取物中含有多种 AHLs 和 AI-2 信号分子，并且腐败肉提取物能够调控腐败菌（荧光假单胞菌和黏质沙雷菌）的生长动力学参数，有利于这两株菌成为该体系中的 SSOs。新鲜和腐败肉源的莓实假单胞菌能够分泌 AI-2，但是不能产生 AHLs。人们从牛肉、鸡肉和火鸡肉中均检测到了 AI-2 活性，气调包装牛肉源乳酸菌可能用自身分泌的 AI-2 来调控气调包装牛肉中 SSOs。然而，AI-2 能否调控乳酸菌的致腐特性及食品源乳酸菌能否利用寡肽类 AIs 调控自身代谢至今未见报道。肉及其制品在中国居民的消费中占有重要地位，其产品形式丰富多样，对不同肉制品中信号分子的检测及探究 QS 对其腐败变质的影响是未来研究的重要方向。

3. QS 对乳及乳制品腐败的影响

乳及乳制品不仅对人体健康有益，也是微生物的良好培养基，尤其是液态乳及其制品在生产流通和贮藏过程中极易受到微生物的污染，从而引起腐败变质。

引起乳及乳制品腐败变质的主要微生物假单胞菌属和沙雷菌的腐败特性均受 QS 调控。Dunstall et al. 发现，N-3- 苄氧羰基高丝氨酸内酯和 N-3- 氧乙酰基高丝氨酸内酯能够缩短鲜牛奶源荧光假单胞菌的延滞期，提高其最大生长速率，AHLs 还可以调控其胞外蛋白酶的活性。巴氏杀菌牛奶源荧光假单胞菌的延滞期和最大生长速率均明显受 AHLs 和 α- 氨基 -y- 丁基内酯的调控。

食品的货架期取决于食品中 SSOs 的延滞期和最大生长速率，因此，AHLs 介导的 QS 通过调控牛奶中 SSOs（荧光假单胞菌）的生长动力学参数来影响牛奶的腐败速率。变形斑沙雷菌是牛奶中的 SSOs 之一，Christensen et al. 通过反接种实验证明，变形斑沙雷菌的 QS 缺陷菌株不能引起牛奶的腐败，当在 SPRI 基因缺陷组中添加 AHLs 时，变形斑沙雷菌恢复了对牛奶的致腐能力，而添加外源 AHLs 与 SPRL-ipB 双缺陷菌株的实验组中，变形斑沙雷菌仍然不能导致牛奶腐败。这个实验结果直接证明了变形斑沙雷菌引起牛奶腐败的能力受 QS 调控。牛奶源假单胞菌具有产生 AHLs 的能力，而且在不同温度和碳源条件下，其分泌的信号分子种类存在差异。Martins et al. 在 2014 年的报道中指出，对于不能分泌 AHLs 的牛奶源荧光假单胞菌来说，其生物膜的形成、群集运动和蛋白酶活性均不受 AHLs 影响。可见，QS 参与了乳及乳制品的腐败变质过程，调控微生物的 QS 是延长乳及乳制品货架期的一个新思路。

4. QS 对果蔬腐败的影响

微生物的生长代谢是造成果蔬腐败的主要原因之一，微生物分泌的果胶酶和蛋白酶能够引起果蔬的软腐现象。Pirhonen et al. 的研究表明，导致果蔬软腐的常见腐败菌——胡萝卜软腐欧文氏菌中果胶酶的分泌受 AHLs 介导的 QS 的调控。Christensen et al. 发现，蔬菜和蛋白质食品中的常见腐败菌——变形斑沙雷菌中蛋白酶和脂肪酶的分泌均与 AHLs 介导的 QS 有关。Rasch et al. 的报道表明，AHLs 介导的 QS 参与了豆芽的软腐过程并能够调控豆芽腐败菌、果胶酶、蛋白酶和嗜铁素的分泌。莴苣源肠杆菌能够分泌产生 C4-HSL 和 C6-HSL 两种 AHLs，AHLs 的分泌基因和感受基因分别为 estI 和 luxR，但是，AHLs 对其新陈代谢的影响未见报道。

另外，在番茄、胡萝卜、茄子、南瓜、辣椒、黄瓜和土豆中提取的上清液中均能检测到 AI-2 活性，但是 AI-2 是否参与了果蔬的腐败过程还有待研究。AI-2 信号分子广泛存在于果蔬中，探明 AI-2 对果蔬腐败变质的影响意义重大，目前关于 AHLs、AI-2 和其他 QS 信号分子是否共同作用于果蔬腐败的研究还鲜有报道。

（三）群体效应抑制剂

群体效应抑制剂（quorum sensing inhibitor，QSI）作为一种食品保鲜策略的研究目前虽然刚起步，但其作为一种致病菌控制策略的研究已经在国内外广泛开展。QSI 干扰 QS 的途径主要有以下三种：与 AIs 受体蛋白竞争结合，从而干扰 QS 通路；利用酶降解 AIs，如内酯酶、氧化还原酶、酰基转移酶和对氧磷酶等，使环境中的 AIs 降解，从而阻止 QS 启动；利用拮抗剂阻断 QS 通路，目前报道的多数 QSI（如溴化呋喃酮、肉桂醛和短链脂肪酸等）都是通过拮抗形式发挥作用的。

微生物来源的 AiiA 蛋白通过淬灭 AHLs 的活性使得其能够有效预防和治疗一些植物（如马铃薯、茄子、大白菜、胡萝卜、芹菜、花椰菜、魔芋等）和动物（如斑马鱼）的常见病害。溴化呋喃酮是已知活性较高的 QSI，它能够有效抑制细菌 AHLs 和 AI-2 的活性，降低弧菌毒力基因的表达和对幼虾、虹鳟鱼的致病能力，降低假单胞菌胞外蛋白酶活性和生物膜的黏附性。肉桂醛及其衍生物在亚抑菌浓度时对弧菌 AI-2 有较高的抑制活性，其抑制机制和溴化呋喃酮类似，但对假单胞菌 LasR 受体蛋白表达的影响较小。

天然产物是 QSI 的主要来源之一，目前在大豆、大蒜、睡莲、番茄、豆苗、豆芽、甘菊、香草、海藻等天然植物中已提取出 QSI，而且大多数天然提取物具有一定的抑菌活性。

六、食品腐败变质的应对

（一）完善食品加工过程

夏季，预防食品腐败变质，搞好食品加工、储藏过程中的卫生是十分重要的。食品加工过程中要避免食品被细菌污染，如防止头发掉入食品，不对着食品打喷嚏，加工食品前要洗手，保持加工食品的环境清洁，器具应消毒。食品烹饪时要烧熟，低温保存时要在 10 ℃以下。自家粮食在储藏过程中要注意防霉菌污染，霉菌可导致粮食腐败变质。简单的办法就是做到通风、干燥和做好防鼠、防虫工作。

（二）加强食品安全管理

第一，夯实各级责任。国家应把食品安全工作纳入为民办实事重要内容，成立严厉打击食品非法添加和滥用食品添加剂工作领导小组，卫生、农业、质监、药监等部门实行一把手负总责、分管领导具体抓工作机制，不断加大投入力度，足额配备监管执法工作人员，并建立岗位责任制，采取分片包干、责任到人的办法，加大检查治理力度，消除监管死角，初步形成政府负总责、监管部门各负其责，企业作为第一责任人的食品安全责任体系。

第二，突出整治重点。以所有生产、加工食品及使用食品添加剂的企业、小作坊及使用食品添加剂的超市、宾馆等各种饮食服务单位为重点区域；以牛奶、肉制品、辣椒、饮料、酱油、面条、面粉、馒头等产品为重点品种；以活畜贩运、火锅店和肉制品加工屠宰、小作坊、小摊贩、小餐饮为重点环节开展专项整治。

第三，强化群众监督。公开食品质量安全投诉举报电话和举报奖励措施，发动群众举报违法犯罪行为，同时督促企业开展自查自纠，自行整改。

（三）加强食品的防腐保藏

食品保藏是从生产到消费过程的重要环节，如果保藏不当就会腐败变质，造成重大的经济损失，还会危及消费者的健康和生命安全。食品保藏的原理就是围绕防止微生物污染、杀灭或抑制微生物生长繁殖以及延缓食品自身组织酶的分解作用，采用物理学、化学和生物学方法，使食品在尽可能长的时间内保持其原有的营养价值、色、香、味及良好的感官性状。为防止微生物的污染，人们需要对食品进行必要的包装，使食品与外界环境隔绝，并在贮藏中始终保持其完整性和密封性。因此，食品的保藏与食品的包装也是紧密联系的。

（四）谨慎食用易变质的食物

人们在日常进食时，要注意选择那些不容易发生腐败变质的食物来吃，对于那些容易因高温发生变质的食物要谨慎选择。那么，哪些食物更容易被细菌污染，发生变质腐败呢？一类是鸡、鸭、鱼、肉及蛋、奶等及其制品，如烤肉、卤蛋、凉拌菜、剩饭菜等；第二类是被残留的高浓度的农药污染的蔬菜、水果，被有毒的藻类污染的海产品；第三类是其本身就含有毒素的食物，如河豚、毒蘑菇等在高温条件下更容易发生腐败变质；第四类在某高温下易产生有毒物质的食品，如发芽的马铃薯、未煮透的豆浆、芸豆等。上述食品，在高温天气里，要谨慎选择，防止发生食物中毒。

（五）对食品进行脱水

食品中的水分降至一定限度以下，微生物不能繁殖，酶的活性也会受到抑制，从而防止食品腐败变质。脱水防腐的含水量应达到下列要求：奶粉 < 8%，全蛋粉 < 13% ~ 15%，脱脂奶粉 < 15%，豆类 < 15%，蔬菜为 14% ~ 25%。同时，提高渗透压常用的有盐腌法和糖渍法。微生物处于高渗状态的介质中，菌体原生质脱水收缩，与细胞膜脱离，原生质凝固，从而使微生物死亡。一般盐腌浓度达 10%，大多数细菌受到抑制，但糖渍时必须达至 60% ~ 65%，才较可靠。

第二节 食品冷藏链的发展

一般情况下，不同的食品需在不同的温度下保存，但要使易腐败变质的食品在适宜的温度下保存较长时间，就需用到冷藏链技术与装置。以食品冷冻为基础的速冻冷藏链是以冷冻技术装备为主要手段，使易腐烂变质的食品从新鲜原料冷冻到食品加工、运输、贮藏和销售等环节，始终保持合适的食品低温冷冻条件，以确保新鲜食品原有营养品质、减少原料损耗的一项系统工程。冷藏链可确保易腐烂变质的食物在一定时间内始终保持食物的色、香、味和营养成分接近最初的新鲜营养状态，完善的食品冷藏链也可保证食物安全。

一、食品冷藏链的组成

食品冷藏链包括四个组成部分。

（1）冷冻加工。冷冻加工主要是在低温下将肉禽类、鱼类、蛋类、果蔬类、速冻食品类和乳制品类进行预冷或冷却等，防止食品在加工过程中腐烂变质，一般需要用到冷却、冻结及冷冻干燥设备。

（2）冷冻贮藏。冷冻贮藏包括冷却贮藏和冻结贮藏，主要用到冰箱、冷藏柜、冷库等制冷设备。

（3）冷藏运输。冷藏运输分为短途运输、中途运输、长途运输。运输时间往往是不可控制的，即便是短途运输，在运输过程中也可能存在不可抗因素，从而影响运输时间。因此，这个环节需用到低温运输工具。

（4）冷冻销售。冷冻销售主要用到冷藏冷冻陈列柜等设备。

二、推进食品冷藏链发展的优化策略

（一）注重食品冷藏链的信息化管理工作

建立健全市场信息服务体系，着眼现代化的信息技术，不断开发新的技术模块，并将先进的技术应用到实际的食品冷藏链物流中，实现对食品冷藏链的整体信息把控及全面化管理，对于食品冷藏链现代化发展具有重要意义。合理开展冷藏链管理，不仅能保证食品冷藏链的各环节衔接，还能使冷藏链整体保持一定的透明性。科研人员要不断提升管理意识，积极创新，在原有的食品冷藏链物流管理体系中继续突破，建立具有中国特色的食品冷链物流管理体系。

（二）强化加工及销售过程中的质量管理

冷藏食品的加工及销售过程非常关键，强化这两部分的质量管理有助于完善冷藏链的管理体系。在加工过程中，应遵循 3C 原则，保证产品的清洁，且在保证清洁的基础上快速将产品冷冻，达到要求的低温温度。在整个加工过程中，一定要谨慎，不能破坏产品。在产品加工过程中，还要遵循 3P 原则，产品的原材料在选取时要以新鲜无污染为优先选取目标，在产品加工时要采用恰当的加工工艺，确保最终的成品符合国家的各项安全健康卫生标准。贮运过程要遵循 3T 原则。3T 原则是产品的最终质量取决于其在冷藏链中贮藏和流通的时间、温度和耐藏性。3T 原则指出了冻结食品的品质保持所允许的时间和品温之间存在的关系，冻结食品的品质变化主要取决于温度，冻结食品的品温越低，优良品质保持的时间越长。质量检查要坚持终端原则，不管冷藏链如何运行，最终质量检查应在冷藏链的终端，即应以到达消费者手中的产品质量为衡量标准。

三、推进食品冷藏链发展的关键技术

（一）节能减排

1. 食品冷藏链上的耗能环节

从全球范围看，约有10%左右的电力消耗在食品冷藏链上。这主要集中在以下几个环节。零售环节：商场、超市的冷藏展示柜是电能消耗最大的冷藏链环节。家用环节：如果每个家庭都可以推广节能冷柜，那么每年可以节约大约1000 Gwh的能源，能耗降低35%。运输环节：食品冷藏链系统中的COP介于0.5～1.75，其中，约有一半的能量消耗在制冷环节，如果可以采取有效的措施降低制冷系统能耗比，将节约大量能源。贮藏环节：食品在运送至目的地之后，需要存储在冷库之中，对冷库进行有效的优化可以最大限度地减少能源损耗。

2. 节能减排在冷藏链上的应用

（1）冷藏车尾气驱动制冷技术。冷藏车是食品冷链运输过程中经常使用的冷藏设备，但由于低温制冷的需要，能量消耗较大。而汽车运行只能消耗汽车发动机所产生的小部分能量，其余能量会随汽车尾气排放到空气中，不仅会造成大量的能源浪费，还会造成严重的环境污染。冷藏车尾气驱动制冷技术是运用了液态氨蒸发需要带走大量热量来达到制冷效果的一种节能减排技术。液态氨在密封容器中循环至溶液热交换器，吸收冷藏车尾气中的大量热能，蒸发成氨气，被水冷却后循环使用。水汽吸收热量被排放到空气中，而水是清洁无污染的。这种冷藏车尾气驱动制冷技术的应用，不仅减少了能量的消耗，还保护了环境，利民利国，值得推广。

（2）冷热电三联产技术。冷热电三联产技术是指由燃气机产生的蒸汽不再像传统供暖设备那样先降压或经减温减压后供热，而是先发电，然后用抽汽或排汽的方式满足供热、制冷的需要，提高能源利用率。这种三联产的节能减排技术适用于大型超市的制冷系统。较为常见的三联

产技术一般是通过微型燃气轮机提供热蒸汽发电，然后使用二氧化碳亚临界制冷系统为主制冷系统，氨－水吸收式制冷系统或者溴化锂－水吸收式制冷系统为辅助制冷系统来实现制冷的目的。当二氧化碳亚临界制冷系统制冷效果不理想时，可以启动相应的辅助制冷系统，如果热能不足，则会使用系统配备的电加热锅炉来增加热量的供应，多余热量也可以通过电加热锅炉来回收用于生活热水的供应，必要的话，还可以用于溴化锂－水吸收式制冷系统的热水供应。这种三联产的制冷技术可以大幅减少能量的排放，效果明显。

（3）热声和热电制冷技术。热声制冷技术是借助声波让谐振器里的惰性气体（不可燃）和空气混合物振动而引发温差，通过叠层连续传热并借助热交换器进行制冷的技术。其制冷效果较好，甚至可以替代制冷剂制冷，在家用冰箱和冷藏柜当中使用较为广泛，减少了大量的能量消耗，减轻了对环境的污染。热电制冷技术是以温差电现象为基础的制冷方法，被广泛应用于小型的冰柜或者冰箱，用来冷冻或者保鲜易腐食品。

（4）冰温制冷保鲜技术。冰温制冷保鲜技术经常用于生鲜食品的贮藏或者加工品的低温储藏。这种储藏方式不会对环境造成任何污染或者损害，也不会产生任何能源的损耗，是绿色的食品贮存方法。冰温制冷保鲜技术是采用维生素 C 溶液冰点调节剂或者尿素溶液冰点调节剂浸泡的方法来处理果蔬等生鲜食物，以实现生鲜食品低温贮藏的技术。为了避免或者减轻冰温贮藏对果蔬等生鲜食品造成的低温伤害，可以在果蔬表面涂抹一层类似人工冰或者人工雪样式的冰膜，以提高果蔬的耐低温性，降低低温冻害对果蔬的影响。人们也可以采用冰温制冷保鲜技术来处理那些不易保存的加工品，借助添加在这些加工品中的冰点调节剂来扩大加工品所处的冰温带保鲜范围，实现加工品的有效冰温贮藏。

（二）物联网智能技术

1. 射频识别

（1）射频识别。射频识别（RFID）是在不通过光学接触、机械接触以及其他一切接触条件下，能够利用无线电通信技术，获取相关信息，进行识别的一种技术。目前很多企业都运用了这一技术，把标签附着在车间生产的机器上，可以随时监测产品的生产进度；在畜牧业中同样可以利用这一技术，对每只需要监管的牲畜进行识别，有效防止同一个身份被多只牲畜使用而造成混乱或者因此给主人带来损失。但随之而来的隐患是人们可能在自己未知情况下就被读取了身份信息。这项技术的应用还需要进一步研究，以一种更为安全有效的方式普及。

（2）RFID 的优势。RFID 是一项便于操作控制的应用技术，能够胜任各种环境中的工作，如布满油渍的汽车零件生产车间、粉尘密布的纱布制造产业以及温度过高或者过低的特殊生产场地。这是传统条形码远远不能替代的。射频识别技术系统的识别距离可以达到几十米，总结下来可以分为以下几个方面：

实时控制：标签与解读器高频率的通信与识别帮助大家能够及时对物品的位置以及状态进行实时监测，极大地提高了管理效率；数据容量大：RFID 专用的数据标签最大容量可扩充到 10 KB，可以根据客户需求调节；读取迅速：解读器对信息的读取非常迅速，只要标签进入被识别区域，标签隐含的信息就可以被读取出来，而且可以实现一次性读取数个标签，以及分批次识别物品，提高效率；标签数据可更新：标签数据的录入是通过远程编辑，这就说明数据可以根据实际情况的改变而实时调整，使得信息更新的速度更快，花费更少。

（3）RFID 的应用。仓储在整个供应链环节中必不可少，高质量的物流服务离不开仓储的保障。射频识别技术与传统条形码技术的结合，使得物流信息管理更为便捷，不仅可以查询每一订单的详细物流信息，还在一定程度上实现了订单增长的批量管理。数字化系统对电子标签这一技术的应用，可有效降低整个工作流程的管理难度，大大优化传统模式。这一技术带来的优势主要归结为以下两个方面：

建立货物先进先出的管理模式。结合 RFID、数据库、无线局域网等技术，对仓库管理模式进行优化，这就使得每一笔出入库订单都可以自动录入，形成稳定的托盘货位管理。有了这些就可以建立货物先进先出的管理模式。

库存管理实时化，资产可视化。仓储管理部门应用 RFID 之后，可以实时准确检查仓库中的各产品库存量。对于管理订货的相关部门，RFID 的应用有助于统计客户需求，并且由系统计算出近期所需要的订货量，在时间上不延迟客户的供货时间；在仓库管理上，RFID 可准确下达每一项指令，为客户提供更好的服务；在企业资产的监测上，RFID 的使用使得企业资产更加明确化、可视化，管理层人员可以实时掌控企业各品牌资产拥有量，进一步明确下一步战略计划。

2. 传感器

（1）传感器在机械手上的应用。新模式下物流改革发展越来越趋近智能化、绿色化，新型物流的发展离不开各种数据的应用和收集，因而智能化物流越发离不开传感器的应用。传感器正成为智能物流发展的关键点，改革后发展起来的全自动物流与制造中的自动化物流输送系统依赖标准化机械手。而机械手的工作运行离不开上机位（PLC）对它的安全防护。PLC 主要负责在实验全程中对其进行全面掌控，以保证工作人员的安全，并且降低实验带来的安全隐患。机械手的运动通过电机带动，其运动轨迹源自计算机编程，所以想要对机械手运动动作进行调整，只需要改变计算机的编程代码。不仅如此，机械手的触屏装置可以通过控制器的调整使其在自动控制和手动控制之间切换自如。例如，现在投入工厂的直角坐标机械手，可以实现自动上下料，自动收集废料。机械手在工作中与机床通信的特点使工作作业完全实现自动化操作，这一构造极大地保证了模块化结构的稳定性。除此之外，工业化可组合部件的工作，在设施上成本大大降低。

（2）自动化仓储中机械手的应用。在物流中应用传感技术的例子比比皆是。无论智能物流还是企业自动化制造，都离不开自动化仓储。自动化仓储想要实现完全自动化的智能物流，离不开系统对外部信息的感知、对大数据的收集、对物品的实时控制，而这一切感知能力离不开传感器的帮助。经过几年的发展，新型物流已经初具雏形。目前，将传感器技术应用在物流数据处理上已经实现，在供应链的各环节都可以见到传感器技术的影子。以自动化仓储来说，传感器技术的贡献有效解决了收集数据所面临的问题。自动化仓储系统正在不断增加对它的使用，不仅仓储环节需要传感器技术的助力，物品分拣出库更离不开它。利用传感器技术和 RFID 技术对传送线上的物品进行分拣，在减少人工成本情况下大大降低了出错的可能性。

3. 人工智能

（1）人工智能。计算机的普及和应用给人工智能带来了进一步的发展。人工智能就是人们平时所说的 AI 智能。人工智能的推理和思维能力不仅能够与人类大脑媲美，甚至在操控机械方面已经超过人类。目前，将人工智能技术应用于电子产品后，人类的生活质量得到明显提升。

（2）人工智能在物流方面的应用。人工智能的发展给整个物流行业带来了一次巨大的改革，尤其在仓储、库存、运输这三个环节。下面详细分析人工智能在这三方面的应用。

仓储环节的核心问题是仓库选址问题。针对企业物流仓储的选址问题，人工智能能够借助自身优势，采用收集到的数据对其进行全方位的分析，这样能够有效规避现实中明显存在的风险，降低企业损失的概率，合理指出最靠近最优选址的地点。人工智能的一大优点是能够很大程度上减少人为的干涉，使仓库选址更加准确，而越靠近最优选址，企业的成本越低，企业营业额就有大幅度的上升。

典型应用人工智能的库存管理系统就是 MRP。MRP 系统可以对之前的数据进行总结，并且对下一时间段的生产所需要的库存量进行调整。这可以减少不必要的库存压力和管理费用，使企业始终如一地保持高质量的服务。

人工智能的作用在规划运输路径时也必不可少。随着智能机器人在仓库的广泛应用，供应链运作效率明显提高。仓库自动化运行模式大大减少了人力的需求。在运输路径规划方面，人工智能不仅能够实时监测物品的物流信息，还可以根据路况适当调整路线，实现全自动化管理。

人工智能除了以上几种功能之外，在供应链各环节同样能见到它的身影。下面从仓储、配送环节来介绍人工智能。

在仓储环节，订单的存储与管理是基础。无人仓的出现很好地解决了订单数量大、处理难的问题。在人工智能的帮助下，无人仓从货物入库、包装再到分拣、出库等一系列流程，完全实现自动化管理，能够迅速处理相关订单，提高工作效率。在无人仓中应用广泛的一种智能机器人名为穿梭车，它能够通过编程完成取货、运送、放置等一系列相关流程，而穿梭车与上机位或者 WMS 的通信功能，结合智能射频识别技术和传感器技术，可以实现穿梭车工作自动化。

在配送环节，人工智能同样可以提高工作效率。在配送前，配送机器人会通过数据收集，根据路况分析自动生成配送路线图。在配送过程中，配送机器人能够自动避让行人、车辆，在遵守交通规则的前提下安全抵达机器人停放点。此时，只需要通过短信或者电话的方式通知收货人，收货人只需要输入提货码或者直接通过人脸识别技术就能够取走货物。目前，市场投入使用的末端配送机器人"小 G"就可以将物品通过提前规划好的路线运送到指定签收地点。不过这项技术目前还没有普遍使用，仅仅存在于部分地区的小范围使用。在订单收货地点偏僻，路程颠簸的情况下，为了降低人工成本，人们多会采用无人机配送。这一配送方式的缺点是无法在恶劣天气下完成配送任务，人为破坏也无法控制，成本过高。

（3）限制物流行业中人工智能发展的因素。无人仓的运行依赖对各种机器人的使用，更重要的是人工智能算法。举例来说，分拣机器人在大量产品中既要实现对产品订单信息读取的准确及时，又要兼顾产品的种类、大小、材质的区别。人工智能算法是机器人能够投入应用的核心，是整个仓库实现自动化管理的依据。从机器人个体来说，产品的投放需要先对大量数据进行分析，判断仓库布局，找到与之匹配的位置，并且需要兼顾商品订单需求量进行配送，还有最优路线的规划，这些都需要通过算法来实现。不仅如此，当面对大量机器人同时工作时，为了避免机器人之间的碰撞，算法之间需要综合考虑，优化机器人整个过程也需要强大的技术支撑，这无疑成为无人仓应用的一大难点。

对于配送机器人，目前市面上所提供的电池续航时间短，而无人机需要降低自身重量，所以飞行过程中不能携带大容量电池，这就导致无人机大概每 20 min 就要人工换一次电池。不仅如此，因为它对自身重量的要求，无人机配送货物重量受到极大限制。即使这两个问题得以优化，无人机在飞行过程也极易受外界环境干扰。目前无人机运输主要依靠的还是操控员肉眼识别障碍，进行操控，而且无人机并不能直接将货物送到收货人手中，只能在停靠点等待配送员，收货人依然要与配送员当面签收。当然，无人机成本也是限制自身发展的一大因素。

可见，人工智能在物流方面所起的只是辅助作用，机器人也只能在简单封闭的环境中工作，而完全实现自动化管理还有很长的一段路要走。把无人仓库理解为用机器取代人，不留一个人操作，这是十分片面的看法。

第三节　食品冷冻技术的发展

冷冻是一种利用接近或低于冰点的温度处理食品，以达到改善其加工或保藏特性的食品加工方法。食品冷冻历史悠久，最早可追溯至史前时期，人们在那时就已经开始利用山洞、泉水以及天然冰对食物进行冷冻处理。现代食品冷冻技术最早出现在 19 世纪后半叶，机械制冷系统的迅速发展，使冷冻食品的产业化、现代化成为可能。根据处理温度的不同，食品冷冻技术可以分为食品冷却技术和食品冻结技术两类，其中食品冷却技术所采用的温度在食品的冰点以上，而食品冻结技术的温度在食品的冰点以下。这两种方法的处理温度虽然不同，但是处理过程均为降低温度至适宜水平后再长期保持。由于处理过程中，待处理的食品处在低温条件下，其中催化生化感应的酶的活性下降，水的流动性、溶解性减弱，食品中发生的各类生化感应速率减慢，大部分微生物的生长受到抑制。此外，冻结过程中产生的冰晶会改变食品原有的组织结构，进一步抑制微生物的生长。因此，对食品进行冷冻处理可以达到延长食品保藏期、改变其加工特性的目的。

在食品工业中，常见的食品冷冻方法有间接接触冷冻法、鼓风冷冻法、浸渍冷冻法等。这些方法均通过食品直接与低温介质接触而发生热交换，导致食品的温度降低至所设定的温度，从而实现对食品的冷冻处理，具有设备结构简单、操作简便等优点。然而，这些冷冻方法大多具有耗费时间长、冻结时产生的冰晶大小不易控制，以及得到的冷冻食品中的冰晶的体积过大等不足，因而无法适用于某些组织结构较为脆弱的食品的冷冻。近几年，为解决食品冷冻过程中冰晶体积过大、能耗较高等问题，人们进行了深入研究，提出了超声波辅助浸渍冷冻、食品减压冷冻以及冰核细菌冷冻等一系列新兴的冷冻技术，并在实践中取得了较为良好的成果。

一、食品冷冻技术应用

（一）直接浸渍冷冻

直接浸渍冷冻是利用对食品无毒、无异味等特性的冷冻液作为制冷剂或者载冷剂，与食品直接接触进行热交换，使物料冷冻的冻结方式。直接浸渍冷冻的机制和间接接触冷冻、对流冷冻的机制不同，直接浸渍冷冻包含传质、传热两个方面，但间接冷冻和空气对流只关乎传热一方面。在固液交界面，食品内部的溶质和水分会产生转移，进而引发能量传递，最终实现食品冻结的目的。在直接浸渍冷冻过程中，传热与传质虽同步进行，但传质的速度慢于传热的速度，且热比质会更先达到平衡。食品与冷冻液之间的溶质渗透通常发生在热平衡前，此时溶质渗透的速率较低。同时，食品中的水会向外迁移。出现这种情况的原因可能是相同温度下冰的蒸汽压力远小于水的蒸汽压力，两者产生的蒸汽压差使细胞内的水分析出。

　　近些年，直接浸渍冷冻在中国得到了越来越广泛的应用。它主要是借助冷冻液的帮助以实现对食品的冷冻。现阶段在食品冷冻业被广泛应用的冷冻液有一元冷冻液、二元冷冻液、三元冷冻液。一元冷冻液主要是二氧化碳或液氮。二元冷冻液是由水和其他溶质组成的溶液，如氯化钙溶液、氯化钠溶液等。三元冷冻液主要由乙醇、氯化钠、水混合而成，该冷冻液还能够延长水产品以及肉质产品的保质期。现阶段，食品冷冻行业将二氧化碳和液氮直接浸渍冻结称之为低温冻结。直接浸渍冷冻能够加快食品的冷冻速度，降低冷冻成本，并减少能耗，可以应用于组织非常软弱的食品冷冻过程中，如水产品或者水果等。现将直接浸渍冷冻在中国食品加工业的应用现状总结为以下几个方面。

　　降低能耗和冷冻成本。能耗问题一直是围绕食品加工行业发展的一个主要问题。如何在生产过程中实现能耗的降低是食品加工行业近些年一直在探寻的问题。目前，中国食品加工业开展了大量的降低能耗的实践研究。杨涛华以草莓为例，从能耗、辅料、操作费用等方面对液氮超低温冷冻和空气强制对流冷冻进行了对比研究。实验表明，直接浸渍冷冻的成本显著低于液氮超低温。直接浸渍冷冻运用的冷冻液的传热系数相较空气更高，因此其冷冻速率也会得到一定的提升。

　　提高产品质量。冷冻食品质量与冷冻速率呈现正相关的关系。如果冷冻速率越慢，食品质量就越差。食品冷冻过程中，导热速度越快，食品温度降低的速度也越快，这能够减慢肉类的生物化学感应，降低肉类出现变质的概率。由此可见，对食品进行快速降温，有利于保持事物的品质。在食品加工业中，直接浸渍冷冻能够加快肉类食品冷却速度，减少损失挥发物质的量，同时能减少汁液流失，延长肉类食品的货架期。

　　降低干耗。干耗是衡量冷冻食品质量优劣的一个重要指标。蔡锦林等研究发现，采用低温浸渍冷冻的虾，其干耗率为（1.73 ± 0.02）%；采用空气对流法冷冻的虾，其干耗率为（2.15 ± 0.30）%。同时，应当注意的是，在冷冻之后，空气对流冷冻的虾肉脂肪氧化程度远高于直接浸渍冷冻的虾。除以上两种冷冻方式外，采用单一二氧化碳和液氮对虾进行冷冻时，其干耗更低。卢九伟 等研究发现，比萨运用液氮进行冻结时干耗极低，为 0.51% ~ 0.61%。

综合来看，直接浸渍冷冻的食品冻结速率、质量高，设备耗能低，而且加工成本低。但对这项技术进行深入研究后，人们发现其存在一些问题，阻碍了食品加工业对其的应用。其中一个较为突出的问题就是冷冻液的安全性。伴随着冷冻工作的进行，冷冻液的浓度也会随着冷冻时间的推移而降低。而且溶液可能受到微生物的污染，冷冻槽也可能被腐蚀。溶质的吸收会对产品产生不利影响，有可能改变食品的风味，甚至造成食品的污染，而现今的技术无法把控食品对溶质的吸收。直接浸渍还具有冻结速度快的特点，这虽是一大优点，但也易引发食品的龟裂，尤其是对于体积较大的食品。由此可见，为了保证冷冻食品的质量，人们应当对冷冻液的污染情况进行最大限度的控制。

（二）超声辅助浸渍冷冻

超声辅助冷冻是在直接浸渍冷冻的基础之上，于冷冻处理过程中对食品物料施加一定强度的超声波，以提高冷冻效率的冷冻技术。由于超声波在作用过程中会产生大量空化气泡，这些气泡破裂后将产生较高的压力并改变水的冻结点，使冷冻食品的过冷度提高，以利于晶核的形成。同时，超声波的作用下产生的微流会对食品中的液态组分产生强烈的搅拌作用，导致食品在冷冻时边界层变薄，改善体系传热、传质能力，提高其冻结速率，防止生成的冰晶体积过大而对食品组织造成损伤。

此外，作用于食品以及食品原料的超声波本身具有较高的能量，可以将体积较大的冰晶破坏，并使产生的冰晶碎片分散而形成晶核。由于超声波辅助浸渍冷冻可以在一定程度上缩短食品物料冷冻所需的时间，并有助于维持冷冻食品的组织结构，因而此技术在食品工业中有着较为广阔的应用前景。

（三）食品减压冷冻

减压冷冻又称真空冷冻，该技术主要由真空冷冻、低温保存、气调保藏等步骤组成，其主要原理是将食品在较高的真空度下进行冷冻处理，其中的水分以直接汽化或形成冰晶后升华的方式成为水蒸气，并在真空泵的作用下与周围的空气一同被抽走，导致食品的水分活度降低，氧气、二氧化碳的分压也因空气压力的降低而降低至较低的水平，从而抑制食品物料中大多数需氧微生物的生长与繁殖，同时降低食品物料发生各类生化感应的速率，并在很大程度上消除了空气中的氧气以及二氧化碳等气体含量过高而给以畜肉与水产品为代表的食品物料带来的损害。减压冷冻过程中食品所处外界环境气压降低，造成食品的含水量易因水分的汽化挥发而下降，因而此技术也常应用于含较多热敏性生物活性物质的食品的脱水干制。冯颖 等研究发现，利用真空冷冻对切片油桃进行干燥，获得的油桃片产品形状美观、结构完整，且复水性、色泽及维生素C 的保留率优于传统热风干燥产品，同时产品复水后品质与未经干燥处理的新鲜桃片基本相同。此外，闫秋菊 等通过对经过减压冷冻处理得到的水蜜桃干的研究发现，利用此技术对水蜜桃进行处理，得到的产品中，某些醛类、醇类或酯类化合物的含量较新鲜水蜜桃更高一些，而在新鲜水蜜桃中存在的 26 种挥发性风味化合物，水蜜桃干产品中只有 18 种，这说明利用减压冷冻加工某些水果时，产品中的风味成分可能会有部分改变。

（四）冰核细菌冷冻

冰核细菌冷冻是一种通过向食品中添加含冰核细菌的制剂，以达到在较高的温度下形成冰核的技术。此项技术发挥作用的关键是适宜的冰核细菌的选择。冰核细菌是一类主要生于植物表面，在温度为 –5 ～ –2℃条件下形成异质冰核，促进液态水发生相变，生成冰晶的细菌。这些细菌会在食品的冰点以上温度形成由冰核蛋白质、糖类、脂类以及胺类化合物等有机物组成的冰核，导致食品所处的过冷状态被打破，迅速进入冰晶增长阶段，从而使食品在较短时间、较高温度下发生冻结，避免了由于冻结时温度过低而使溶质大量析出造成的溶质损失。冷冻浓缩与干燥保藏是冰核细菌冷冻在食品领域的主要应用。在液态食品冷冻浓缩方面，冰核细菌可以改善食品冷冻时形成的冰晶的结构、提高食品冻结点温度并加快冻结进程，因而能够在很大程度上提高浓缩产品的品质。而在食品保藏方面，冰核细菌也有着巨大的潜力。陈庆森 等通过利用冰核细菌的蛋白碎片对基围虾进行低温半冷冻贮藏，发现基围虾虾体的保存期可以延长至少 20 d，而虾体内的各种物质的变化比较缓慢，说明经过冰核细菌处理的基围虾的保鲜效果有了较大提升。

（五）高压冷冻

高压冷冻是一种利用外界压力的变化对食品中水的存在形式进行控制的冷冻技术。应用该技术进行处理时，先将食品在较高压力条件下冷却至一定温度，随后在短时间内将所施加的压力迅速解除。由于食品各部位获得了相同的过冷度，使得水分子来不及聚集成大尺寸的冰晶，仅能产生粒度细小的冰晶体并均匀分布于食品中。这些分布分散的晶核将诱导食品中剩余水分形成细小而分散的冰晶体，减少了由于冰晶体体积过大而对食品组织造成的损伤，因而能提高制得的冷冻产品的质量。此外，一定的高压能够导致存在于食品中表面及内部的微生物的形态结构、酶活性、生化感应类型、遗传物质稳定性以及细胞质膜完整性等多个方面发生变化，从而影响食品中的微生物的活力，因而利用高压冷冻技术生产出来的食品的保藏性也会有很大程度的提高。因此，利用高压处理食品时，可适当放宽其贮藏流通温度的条件，这极大地降低了由于维持低温环境而带来的成本，优势明显。同时，该技术的应用使得在未冻结温度下处理的食品质量与安全性优于常规的冷藏保鲜处理。

二、食品冷冻机械设备的应用现状

（一）冷冻机的原理

伴随着中国国民生活水平的不断上升，人们对生活品质的要求不断提高。例如，人们对食物的要求，不只是温饱，对品质的要求也不断增多，因此市场出现了更好地保存食物的设备，如冰箱。冰箱运用了冷冻机的制冷能力，从而在很大程度上保证了食物新鲜。而冷冻机的工作原理是将空气冷却，凝结成水汽，将凝结的水排除，再加热即可形成低湿度的空气。通常情况下，冷冻程度以及冷冻过程中的所有操作都与冷冻机原理相关。将温度降低到 –18 ~ –12 ℃所进行的操作被称为冷冻。

追溯冷冻技术的发展史，其实冷冻技术是一种较为原始的食品储藏技术。在中国古代，冷冻技术就已经开始普遍使用，当时主要通过修建冰窖来达到冷冻储藏食物的目的。随着科技的发展，人们研究出了各种高效、快速的制冷和冷冻机械，而冷冻机是冷冻设备的重要组成。商业冷冻设备与冰箱这些家用设备有很大的区别。食品工业冷冻主要是在 10 ~ 20 min 将食品中心温度降至 –18 ℃以下，这就对冷冻设备提出了更高的要求。一般食品冷冻机械工作温度在 –80 ~ –40 ℃。

（二）冷冻设备存在的问题及解决对策

当前，人们对于冷冻制品的要求不断提高，而这也让冷冻设备的不足暴露了出来，如节能措施有待完善、全自动化的控制技术有待提高、工作环境有待改善。想要弥补这些不足，冷冻设备仍需要从以下几方面进行完善。

1.注重清洁卫生

冷冻机运行时间长了，其零部件表面会有污垢的产生和堆积，对冷冻机制冷效果产生较大影响。这些污垢会导致设备耗能的增加，并且滋生细菌，对冷冻食品产生损害。冷冻储存只能抑制微生物的生长，延缓产品腐败速度，并不能杀死微生物。这就需要操作人员经常对机器表面进行清洁，同时需要专业的设备维保人员定期对重要部件进行清洁，如冷冻机的蒸发器盘管容易结霜，影响盘管的热交换效率，应定期清洁。

2.设置报警系统，恒定工作温度

冷冻机工作时要求冷冻机温度恒定，温度只能在设定范围内波动，

因此需要设置专门的显示器和报警器，用于监视冷冻机工作状态。操作人员可以通过显示器对冷冻机室内的温度实时监控。当温度波动超过设定值时，报警器报警，提醒操作人员及时检查和调整，从而保证了温度恒定，也保证了产品的冻结质量。

3. 定期保养重要部件

正确执行维修制度进行维修保养处理是必要的。机器运行时，机械之间的摩擦在所难免，久而久之便会产磨损。要确保设备的使用寿命以及工作效率，专业人员应定期检修和保养，通过这种检查、维护，延缓零件老化，保持良好的使用性能。

4. 对机械设备操作人员的保护

由于冷冻机的特性，其周围工作环境较差，对于操作人员来说是一种考验。因此，在设备安装时，相关人员需考虑将噪声大且可以单独隔离的部件在条件允许的情况下单独摆放并做好消声降噪保护，如在隔间内安装吸波消声材料等。向操作人员配发降噪耳塞和防寒保暖工作服等措施也可以应对此类特殊环境。

第八章　食品的热处理

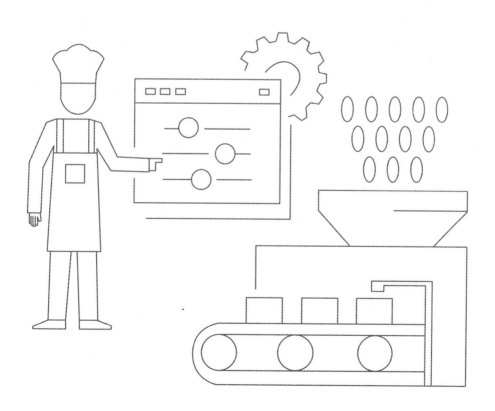

第一节　热处理原理

食品热处理是食品加工与保藏中用于改善食品品质、延长食品贮藏期的重要处理方法之一。主要作用是杀灭致病菌和其他有害的微生物，钝化酶类，破坏食品中不需要或有害的成分或因子，改善食品的品质与特性，以及提高食品中营养成分的可利用率、可消化性等。当然，热处理也存在一定的负面影响，如对热敏性成分影响较大，也会使食品的品质和特性产生不良的变化，加工过程消耗的能量较大。

传统的食品热处理是通过加热将食品中的微生物、酶等生物活性物质杀灭或降低其活性的一种方法。传统的热处理主要包括高温短时间处理（HTST）、超高温处理（UHT）、罐装等。这些方法已经被广泛应用于食品加工行业，并已成为保证食品安全和延长食品保质期的重要技术手段。在传统热处理方法中，高温处理时间短的方法适用于低酸性和中酸性食品的处理，如果汁、牛奶等；高温处理时间长的超高温处理方法适用于酸性食品、奶制品等高温杀菌处理；罐装技术则直接在符合规定的时间和温度下对食品进行灭菌处理，有效延长了食品的保质期。总的来说，传统的食品热处理是目前食品加工工业中常用的一种方法，对食品的灭菌处理和保质期延长起到了关键作用。

传统的食品热处理是通过加热杀灭食品中的微生物使酶失活来达到杀菌、延长保质期的目的，已经有几十年的历史。它比较适用于大批量生产和消费的食品加工环境，如饮料、果汁等。除这个之外，传统的热处理还有操作简单、成本低、保质期长等优点，所以在工业上得到广泛应用。但传统热处理也存在一些缺点，如会导致部分食品成分丢失、味道变差等。同时，这种技术无法很好地保持食品的营养价值。近年来，随着人们对健康、营养、美味的需求的不断提升，新型的热处理如脉冲式加热、高压处理等，不仅可以延长食品的保质期，还可以保证食品的营养成分，使食品更加健康、可口。

食品热加工是食品工业中的重要环节，通过加热和加工，可以灭菌和消毒，延长食品的保质期。在食品热加工过程中，传热、温度、时间、水分和微生物等因素对产品品质有着重要影响。

传热是食品热加工中的基础环节，是指热量在食品、加热工具和环境之间的传递过程。食品热加工中常用的传热方式包括导热、对流和辐射等。导热是指热量通过直接接触的物体从高温部位传至低温部位；对流是指热量通过流体介质（如水蒸气、空气等）传递；辐射是指热量以电磁波的形式传递。传热原理的应用有助于我们优化加热过程，提高热加工效率。

温度在食品热加工中起着至关重要的作用。温度会影响食品中各种成分的感应速度、微生物的生长和酶的活性。一般来说，高温可以加快食品的加热速度，提高生产效率，但过高的温度可能导致食品营养成分的损失和品质下降。因此，在食品热加工过程中，合理控制温度至关重要。

时间在食品热加工中同样是一个关键因素。加热时间会影响食品的加热效果、营养成分的保留程度以及产品的品质。长时间加热可能导致食品营养成分的损失和质地改变。因此，合理控制加热时间在食品热加工中同样至关重要。

水分在食品热加工中起着重要作用。水分含量会影响食品的质地、口感和营养价值。在加热过程中，水分会与热量一起传递，有助于加快加热速度。然而，过高的水分含量可能会影响食品的口感和品质。因此，在食品热加工过程中，应根据产品种类和要求控制水分含量。

微生物是影响食品热加工品质的一个重要因素。在食品热加工过程中，加热可以杀死大部分微生物，从而延长食品的保质期并提高安全性。然而，过高的加热温度可能破坏食品中的营养成分并影响其口感。因此，在食品热加工过程中，应综合考虑加热温度和时间，以实现对微生物的有效控制。

总之，传热、温度、时间、水分和微生物是食品热加工中的关键因素。为了获得高品质的食品，人们需要深入了解这些因素的作用和原理，并采取合理的措施进行优化和控制。借助科学合理的食品热加工，人们可以提高生产效率、保证食品安全、保留营养成分并最终提升产品品质。

第二节 热处理对食品的影响

在烹调过程中，食物在一定的温度下，经过一定的时间，它会产生种种物理变化和化学变化，使食物发生质的变化。质的变化过程也就是原料由生变熟的过程。由于食物原料的性质不同，它们在由生变熟的过程中所起的质的变化也不相同。

一、加热过程中食物的一般变化

（1）分散作用。食物受热后所发生的物理变化，包括吸水、膨胀、分裂和溶解等。生的蔬菜或水果，细胞中充满水分，并且在细胞与细胞间有一种植物胶素，把各个细胞互相连接着，所以在未加热前大都较硬而饱满。加热时，胶素软化与水混合成为胶液，同时细胞膜破裂，里面一部分包含物，如矿物质、维生素等，就溶于水中，而整个组织变软，所以蔬菜加热后，锅中要出现汤汁，这些汤汁中含有很丰富的矿物质和维生素，不宜弃去。果品中所含胶素尤多，如果在加热时加入少量的水，可以制成各种果酱或果冻。淀粉不溶于冷水，但在温水或沸水中能吸水膨胀，成糊状物。淀粉经过加热，它所含淀粉胶的胶粒愈多，黏性亦愈大。生长在根茎中的淀粉（如藕、甘薯、马铃薯等）往往较谷类（如米、麦等）为多，所以它们的淀粉糊黏性较大，可做羹汤或作为挂糊、上浆、勾芡之用。

（2）水解作用。食物在水中加热时，很多成分会起分解作用，如蛋白质会分解而产生一部分氨基酸，故成熟后带有鲜味。肉类在受热后，结缔组织中的生胶质分解为动物胶，动物胶和生胶质虽然都是蛋白质，但动物胶有较大的亲水力，能吸收水分而成凝胶，在加热时可溶为胶体溶液，冷却后即凝成冻胶。所以，当肉类（特别是含筋较多的肉）在炖焖后，结缔组织的生胶质被水解破坏后，蛋白质纤维束便分离，使肉呈柔软酥烂状态。同时，汤汁中便含有多量的水解产物，即动物胶，冷却后就成为肉冻或鱼冻。胶体溶液和冻胶可随温度变化而互变。如镇江、扬州等地的汤包就是根据以上的互变原理而制作的。

（3）凝固作用。食物受热后，有些水溶性蛋白质即逐渐凝固，如溶液中有电解质存在时，更易迅速凝结。蛋白质的种类很多，有许多蛋白质是水溶性的，多数水溶性蛋白质受热后即逐渐凝固，如鸡蛋的蛋白受热后便凝成硬块，血色素也是一种水溶性蛋白质，加热到85 ℃左右便凝成块状，凝固的程度随加热时间的加长而增加。所以，煮鸡蛋或做鸭血汤、猪血羹等，加热时间应避免过长，否则食品变硬，不仅鲜味减少，也不利于消化。蛋白质胶体溶液在有电解质存在时，凝结更加迅速。例如，在豆浆中加入石膏（$CaSO_4$）或盐卤（$MgCl_2$）等电解质，即可凝结成豆腐。食盐（NaCl）是电解质，所以在煮豆、烧肉或做需要汤汁浓白的菜时，均不能太早加盐，因为加盐太早，原料中的蛋白质凝结过早，水分便不易渗透到原料内部中去，不易使它们吸水膨胀，组织破坏，因此也就不易酥烂。在制汤的原料中也会因蛋白质凝结过早，不能溶于汤中，因而使汤汁不浓白。当然，这种电解质对各种原料、各种蛋白质的影响是不同的，所以放盐的早迟应根据菜肴的具体情况决定。

（4）酯化作用。脂肪与水一同加热时，一部分即水解为脂肪酸和甘油，如再加入酒、醋等调味品，即能与脂肪酸化合而成有芳香气味的酯类，这种作用叫作酯化作用。酯类比脂肪容易挥发，并具有芳香气味，因此鱼、肉等原料在烹调时，加酒后即有香味透出，就是这个道理。

（5）氧化作用。多种维生素在加热或与空气接触时均易氧化破坏，在碱性溶液或有少量铜盐存在时，更易迅速氧化。在食物烹调时，维生素类损失最大，多种维生素在与空气接触时极易被氧化破坏而失去营养价值。在受热时氧化更快，特别是维生素 C 最易被破坏，维生素 B1 和维生素 B2 也易被破坏。维生素在酸性溶液中比较稳定（加醋可以延缓氧化时间），而在碱性溶液中更易氧化，如极少量的铜盐可使维生素 C 氧化，所以含维生素 C 较多的蔬菜在烹调时应尽量避免与空气接触（如加盖）和加热的时间不能过长，不宜投放碱或苏打，也不宜用铜锅、铜铲。

（6）其他作用。食品在加热时除了上述几种主要变化外，还会发生其他各种各样的变化。例如，糖类在很高的温度下，可变化成糊精而发黄或炭化而成焦黑色。又如，鸡蛋在煮熟后，在蛋黄的表面往往呈现一层暗绿色，这是由于鸡蛋白中的蛋白质中含有一些硫元素，而蛋黄中的蛋白质中含有一些铁质，硫与铁化合，便产生暗绿色的硫化亚铁所造成的。

二、不同火候、物料及加热方法对食物的影响

食物在加热过程中所发生的变化，有的是好的，人们可以利用，有的是不好的，人们需要尽可能来防止。在烹调时，人们运用不同火候、不同的物料以及不同的加热方法，也就是为了达到这一目的。在火候和加热时间方面，应掌握下列的原则。性质坚韧的大块原料，一般宜用温火或小火进行较长时间的加热，才能使组织松软，肉质酥烂。性质柔嫩的小块原料，一般宜用旺火进行较短时间的加热，否则易成为糊状。

用水做加热物料，一般多用中火或小火。食物中的养料很多，用水做辅助物料，在加热过程中，食物原料中的蛋白质、脂肪、维生素、矿物质等都会有一部分分解在汤汁中，故汤汁不可弃去，否则养料损失很多。当然，随着水分的蒸发，养料不可避免地有部分损失。这里还应该特别注意，当蔬菜（特别是绿叶菜）用水做辅助物料加热时，必须在水沸后再将蔬菜下锅。因为蔬菜在通过加热后，细胞膜破坏，会产生一种氧化酶，这种氧化酶对维生素 C 有很强的破坏作用。但是氧化酶本身也不耐高温，它在 65 ℃时活动力很强，但当温度达到 85 ℃以后就受破坏。蔬菜放在冷水锅中加热，当水的温度升至 65 ℃左右时，氧化酶就会大肆

活动，蔬菜中重要的营养成分维生素 C 就会遭到严重的破坏，如果在水沸后再下蔬菜，氧化酶就不会起作用，可以减少维生素 C 的损失。

用油做加热物料，一般多用旺火。因油的沸点高，可达高温，对食物表面的干燥和凝固作用很强，食物表面骤受高热，很快干燥收缩，凝成一层薄膜，外部变酥变脆而内部水分不易溢出，所以成为外脆内嫩状态。

蒸的方法主要用旺火（花色菜要用中火或小火）。菜肴放在蒸笼内蒸，不需要翻动，所以可以保持原来的完整状态，同时由于蒸笼盖得很紧密，蒸笼内的温度很高，又充满了水蒸气，原料的水分不易蒸发，养料损失较少，菜肴柔软鲜嫩。但蒸也有一个缺点，就是不易入味。原料在蒸笼内，水分不易向外蒸发，调味品也不易进入原料内部，所以不易入味，因此蒸的菜肴往往在加热前或加热后要调味。

烘、烤的方法要求火力必须均匀。烘、烤都是使食物原料在干燥的热空气中受热，原料表面的水分极易蒸发，浆汁溢出后在原料的表面受到干热，立即凝成薄膜，这种薄膜能够阻止原料内部的水分继续向外蒸发，所以使菜肴外部干香，内部鲜嫩。但如果是密闭的烤炉，水分蒸发较慢，溢出的浆汁也不易凝固在原料表面，会滴落在烤炉内，因此养料的损失较敞开烘烤的方式多。至于泥烤，是一种间接烘烤的方式，因为原料用泥层层密封，不直接接触火焰，只是慢慢地外烤内焖使原料成熟。这样做，原料的水分不易蒸发，可以保持较多的养料，口感也十分鲜嫩。

第三节　食品热处理条件的选择与确定

食品热处理是食品加工过程中必不可少的一环，通过热处理可以杀灭细菌、病毒等有害微生物，延长食品的保质期，提高食品的品质和安全性。但是，不同的食品需要不同的热处理条件，如何选择和确定适宜的热处理条件，是每个食品加工厂家都必须考虑的问题。

首先，选择适宜的热处理条件，需要考虑食品的种类和性质。对于蛋类、肉类和乳制品等高蛋白食品，需要选择较高的温度和较长的时间进行热处理，以确保微生物被完全杀灭。对于水果、蔬菜等低蛋白食品，则需要选择较低的温度和较短的时间进行热处理，以免食品的营养成分被破坏。

　　其次，还需要考虑食品的 pH 和温度敏感性。对于酸性食品，如果酱、酸奶等，需要选择较低的温度进行热处理，以免食品的质地和口感发生变化。对于碱性食品，如豆腐、面筋等，则需要选择较高的温度进行热处理，以杀灭其中可能存在的微生物。此外，还需要考虑热处理设备的性能和工艺参数。不同的热处理设备具有不同的加热方式和加热速率，需要根据食品的种类和性质，选择适宜的设备和工艺参数，以确保热处理的效果和质量。

　　最后，需要进行热处理的监测和记录。热处理过程中需要对温度、时间、压力等参数进行严格的监测和记录，以确保热处理达到预期的效果。同时，需要对热处理后的食品进行质量检验和微生物检测，以确保食品的安全性和品质。

　　综上所述，选择适宜的热处理条件需要考虑多方面的因素，只有根据食品的种类、性质、pH 和温度敏感性等因素进行综合分析和判断，才能确定最优的热处理条件，确保食品的安全性和品质。同时，需要进行严格的监测和记录，以确保热处理的效果和质量。

第四节　典型食品热处理

一、高温热加工食品

　　煎炸、烘烤、熏烤类热加工食品赋予食品独特的质构、色泽和风味，是延长食品储存期的有效方法，受高温煎炸、烘烤、熏制等加工工艺的影响，以及食物组成和性质的不同，此类加工过程中物料与高温的器具或油脂甚至明火直接接触，食品在短时间内急剧升温，各组分剧烈感应使得食品的营养损失更为明显，甚至伴随有毒有害物质的产生，如杂环胺、呋喃、丙烯酰胺、多环芳烃等。流行病学和动物实验研究发现，高温加工的食品是导致人类癌症的一个重要因素。

（一）杂环胺形成途径、影响因素和抑制措施

杂环胺是肉制品中肌酸酐、氨基酸、葡萄糖、肌酸等组分在高温加热后生成的一类致突变、致癌的芳香杂环化合物，因含至少一个芳香环和有氮原子，故称杂环芳香胺（heterocyclic aromaticamines，HAAs）。研究发现蛋白质丰富的畜禽水产制品在高温加工过程中常诱发杂环胺的形成，一般在加热 100 ～ 300 ℃形成，故又称热致型杂环胺。依据杂环胺结构特征与形成途径可将杂环胺分为两类：氨基咪唑氮杂芳烃类杂环胺（amimidazolazineheterocyclic amines，AIAS）和氨基咔啉类杂环胺（amino-carbolines，ACS）。

1. 形成途径

杂环胺的形成主要有 AIAS 形成途径和 ACS 形成途径。其中，AIAS形成途径主要有两种：一是自由基形成。葡萄糖先降解生成羰基化合物，再与氨基酸发生 Strecker 降解感应，通过一系列复杂化学感应形成AIAS。二是美拉德感应形成。随着温度的升高，肉类中葡萄糖先后发生两次降解感应后，再通过化学感应形成吡嗪、吡啶类化合物，最后生成AIAS。ACS 形成途径是加工温度＞300 ℃时，氨基酸直接热解产生咔啉类物质，分为 α－咔啉类、γ－咔啉类、δ－咔啉类、β－咔啉类4大类。

2. 影响因素

（1）加工的方式。水煮、清蒸等加工方式较少生成杂环胺，而煎炸、炭烤等方式易形成杂环胺。刘冬梅 等对煎炸及烤制加工方式的食品中杂环胺含量进行检测，结果表明，45% 的煎炸样品中杂环胺含量超过 1.5 ng/g，水煮、蒸制加工的样品中则含量为 0。

（2）前体化合物。肌酸酐、肌酸、糖类和部分氨基酸等前体物质，对杂环胺的形成影响程度各不同。研究发现，糖、肌酸和肌酸酐促进杂环胺的形成，而苯丙氨酸、丝氨酸、亮氨酸含量的减少会导致杂环胺含量显著增加。

（3）温度与时间。随着加工温度和加工时间的增加，肉制品中杂环胺的种类和含量逐渐增加，温度对杂环胺的影响大于加工时间。岑明桦等对不同时间、不同温度下处理的牛肉饼中杂环胺含量进行测定，结果表明，温度越高，杂环胺的含量随加工时间的延长而增加。

（4）脂肪和水。Elbir et al. 从杂环胺及其部分前体物评价牛肉制品和鸡肉汤时得出一定含量的脂肪对杂环胺的生成有促进作用。王震等也发现反复卤煮使得鸭胸肉和卤汤中杂环胺及其前体物含量增加，这是因为油脂氧化产生自由基的促进作用和脂肪影响了热传导效率。水是良好的温度调节器，烹饪时保持食物中的水分含量可在一定程度上抑制杂环胺的形成。

（5）其他因素。酱油、食盐、香辛料等也能影响杂环胺的形成。席俊等对高蛋白食品中杂环胺形成分析发现，添加 NaCl 能显著降低肉制品中杂环胺的生成，NaCl 能够有效保持食品中的水分含量，防止杂环胺前体物随水分的蒸发而转移。使用组织蛋白、大豆分离蛋白、淀粉等肉制品中常用配料也会促进杂环胺的生成，这与加热后产生的游离氨基酸以及羰基化合物有关。

3. 预防或抑制措施

（1）加热方式的影响。高温和长时间的热处理会促进杂环胺形成。王惠汀等研究指出红外加热、微波加热、过热蒸汽加热等新型加热方式能有效控制杂环胺的生成量，对比炭烤、红外烧烤和蒸汽烧烤三种方式对羊肉饼加工过程中杂环胺的生成情况，发现三种处理方式分别存在 9 种、7 种、7 种极性杂环胺，总量分别为 555.58 ng/g、181.48 ng/g、30.67ng/g，非极性杂环胺总量则分别为 426.06 ng/g、148.59 ng/g、89.65ng/g。

（2）添加外源物及食品加热前预处理的影响。目前国内外已有大量研究发现添加不同抗氧化剂对杂环胺的形成有抑制作用。Rounds et al. 发现苹果皮、苹果提取物、丁香、迷迭香、百里香等含丰富的酚类物质，能有效抑制杂环胺生成。郝麒麟 等也报道了果蔬中酚类化合物、维生素、原花青素等天然抗氧化物质的抑制作用。樊贺雨 等、钟宇 等报道了传统香辛料作为天然抗氧化剂抑制杂环胺生成。李美莹 等、李雨竹 等、王未 等发现高良姜素、槲皮素、花椒叶提取物、生姜和辣椒及其活性组分黄酮类、萜类化合物可以抑制烤牛肉或卤煮畜禽肉中杂环胺的生成。薛超轶 等利用组氨酸、亮氨酸、甲硫氨酸和脯氨酸作为抑制剂添加到待烘烤的牛肉饼中，证实能明显抑制杂环胺形成。姜晴晴 等、Vanlancker et al. 研究发现，随着冷冻肉制品冻藏时间的延长，杂环胺的生成量逐渐下降，但在多次冻融后，结合态杂环胺含量增加明显，这与反复冻融导致的脂质、蛋白的氧化有关，因此添加具有抗氧化或富含氨基酸的物质及适当的预处理能有效减少加工过程中杂环胺的生成。

（二）呋喃形成途径、影响因素和抑制措施

呋喃（C4H4O）是一种含一个氧杂原子的五元杂环化合物，其作为热诱导反应的产物或中间产物，不仅影响热加工食品的感官特性，具有较弱刺激和麻醉作用，还有一定的细胞毒性，极易被人体吸收，已被归类为致癌的 2B 级物质。

1. 形成途径

呋喃由食品原料中的抗坏血酸、多不饱和脂肪酸、糖类、氨基酸及类胡萝卜素等成分经美拉德反应或氧化降解反应产生，也可由非热诱导生成。呋喃多在加热过程中产生，温度越高，产生越多。Kim et al. 研究发现，杀菌温度在 120 ℃以上可致酱油中呋喃浓度增加 211%，电离辐射可促进水果、果汁中呋喃的生成。柴晓玲 等对热加工食品中呋喃的形成途径研究发现，还原糖可通过热降解生成呋喃，通过脱水反应和反醛醇裂解，或者通过美拉德反应生成丁醛糖及其衍生物后，在环化和脱水作用下生成呋喃。非还原糖比还原糖产生的呋喃少。

在高温加热时，丝氨酸和半胱氨酸可单独通过热降解为羟基乙醛和

乙醛，再经过醛醇缩合、环化以及脱水等感应产生醛糖衍生物后形成呋喃。但丙氨酸、天冬氨酸、苏氨酸需要在有糖的环境下，经过降解等一系列感应形成呋喃。而抗坏血酸经过氧化感应、水解、脱羧感应等环节也会生成呋喃。在无氧条件下，部分抗坏血酸经过裂解、β–环化、脱羧、裂解后，可直接生成呋喃，也可与草酸作用后生成呋喃。Roberts et al. 发现高温条件下，多不饱和脂肪酸（PUFA）发生氧化降解感应，在均裂、环化、脱水环节后生成呋喃。呋喃的形成与油脂的自动氧化有十分密切的关系，脂肪酸氧化程度越高，生成量越高。Owczarek-Fendor et al. 等研究发现亚麻酸形成的呋喃是亚油酸的 4 倍多，且三氯化铁催化作用使呋喃形成量成倍增加。

2. 影响因素

（1）前体物质。高温加热时，葡萄糖、乳糖、果糖会发生降解，这是呋喃产生的主要来源。氨基酸、糖、多不饱和脂肪酸、抗坏血酸及其衍生物等，都是呋喃重要的前体物。不同的前体物会形成一定量的呋喃。

（2）加工条件对各种前体物质生成呋喃的影响。pH、加热温度及加热时间都是呋喃形成的重要影响因素。Becalski et al.、Limacher et al. 分别通过食品中呋喃前体物模型的建立及顶空进样 – 气相色谱 – 质谱联用技术测定碳水化合物、抗坏血酸、美拉德感应产生呋喃的研究，发现在酸性体系中，葡萄糖难以生成呋喃，而在碱性体系中，蔗糖和抗坏血酸同样难以生成呋喃。

3. 预防或抑制措施

（1）优化热加工工艺。人们可以通过改变加热时间、加热温度、pH 等工艺条件，抑制呋喃的产生。Nie et al. 研究 pH、温度和加热时间对糖 – 甘氨酸模型体系中呋喃生成的影响，发现同等条件下，降低加热温度或者缩短加热时间，能够有效降低呋喃的含量。加热方式不同，产生的呋喃也会有所不同，如烤箱和微波加热产生的呋喃较油炸方式更少，普通压力蒸煮产生的呋喃较干燥加热方式更少。另外，一些新技术，如欧姆加热技术，加热时间较蒸煮杀菌更短，能有效减少营养物质损失和呋喃的产生。

（2）改变食品配料结构。柴晓玲 等研究发现，添加抗氧化剂最高可使呋喃减少达 70%。目前，抑制呋喃形成的最有效的抗氧化剂是绿原酸，茶多酚也能有效抑制呋喃的生成。天然提取物能够有效抑制呋喃生成，如银杏叶提取物、蓝莓提取物、竹叶提取物、柚皮苷及柑橘提取物等，均有一定的抑制作用。不同矿物元素对呋喃的生成量有着不同的影响，铁离子、镁离子或者低浓度钙离子可以促进呋喃的生成，锌离子、高浓度钙离子起抑制作用。

（三）丙烯酰胺形成途径、影响因素和抑制措施

丙烯酰胺（acrylamide，ACR）是一种白色晶体物质，食品中丙烯酰胺主要是在富含碳水化合物和氨基酸的食物经高温加热尤其是油炸过程中形成的，具有神经毒性和潜在的致癌性及生殖毒性，被认定为 2A 级致癌物。

1.形成途径

目前，国内外大量研究普遍认为是天冬酰胺和还原糖通过美拉德感应（Strecker 途径）形成天冬酰胺途径，除此之外，通过丙烯醛或丙烯酸也可形成 ACR，如单糖加热过程，脂肪、蛋白质、碳水化合物的高温分解过程产生大量的小分子醛（甲醛、乙醛等）重新合成丙烯醛，进而生成 ACR。

2.影响因素

（1）食品原料。食品原料是生成 ACR 的主要前体物质。Anese et al. 在还原糖/天冬酰胺模拟体系研究中发现，还原糖类和天冬酰胺的含量对 ACR 含量具有显著影响，且天冬酰胺的影响小于还原糖类。选用的食用油种类也会在一定程度上影响 ACR 的生成。

（2）加工条件。加热温度和加热时间以及加工方式会显著影响 ACR 的产生。同等条件下，ACR 会随着温度升高或加热时间的延长而增多。

烘烤和油炸方式温度高达 160 ℃及以上较水煮、蒸制等方式产生的 ACR 更多。

（3）食物含水量。食物含水量是影响 ACR 生成的重要因素。水分含量在 11%～19% 时，最易生成 ACR。含水量较低或者较高时，会影响感应物与产物流动或阻碍食物中热量的传递，因而抑制 ACR 的生成，如土豆油炸前浸水、热烫等均能有效减少 ACR 含量。

3. 预防或抑制措施

（1）减少前体物质。还原糖和天冬氨酸的含量是影响 ACR 形成的重要因素。Zhang et al. 对 ACR 形成研究进展的报道指出，降低还原糖和天冬酰胺中含量较低的一项可更多减少 ACR 的生成。比较不同马铃薯中游离天冬氨酸、还原糖的含量可以发现，不同品种马铃薯在不同的土壤条件、贮藏时间下，两者的量都不同，这为选择土豆品种控制 ACR 的生成提供了依据。

（2）优化加工工艺。ACR 的最佳生成温度在 130～180 ℃，这也是适宜产生其他风味物质的温度区间。丁晓雯 等发现，油条只有在达到 160 ℃时才会形成金黄色泽和内部的疏松结构。pH 也是重要的影响因素，当 pH 为 8 时，ACR 的生成量最大；将原料浸泡在酸性溶液中可在一定程度上抑制 ACR 生成，但也会影响产品的质量。

在高温加工前，将原料放入氯化钙溶液、氯化钠溶液等抗氧化剂中浸泡，会抑制 ACR 的生成。江秀霞研究发现，薯片在油炸前浸泡于 1.5% 的氯化钠溶液中，可使 ACR 含量降低 60% 以上，通过对 4 种抗氧化剂（水飞蓟宾提取物、葛根黄酮提取物、迷迭香提取物、竹叶黄酮提取物）进行复配，选择 100 ℃、30 min 的浸泡处理方式，同样能够有效抑制 ACR 产生，并且不影响薯条成品的品质。陈媛媛 等研究原花青素对食品中丙烯酰胺的抑制作用，结果表明在薯条和油条的浸渍时间分别为 90 s 和 60 s，原花青素最佳添加剂量为 0.5%（w/w）和 0.1%（w/w）时，抑制率分别达到 57.59% 和 67.38%。天冬酰胺酶通过作用于天冬酰胺起到抑制 ACR 生成的作用，不影响美拉德感应的进程，因而对产品的色泽和风味没有影响。Anese et al. 研究发现，制作饼干面团时添加天冬酰胺酶后，饼干外观色泽并无明显变化。Hendriksen et al. 采用先热烫糊化淀粉，再用天冬酰胺酶溶液浸泡冷却相结合的方法制作薯片，能有效降低50%以上的 ACR 生成量。

（四）多环芳烃形成途径、影响因素和抑制措施

多环芳烃（polycyclic aromatic hydrocarbons，PAHs）是一大类由只含碳和氢原子的稠合芳环构成的碳氢化合物，主要以晶体形式存在，熔沸点高，蒸气压和水溶性低，具有抗氧化性、还原性和强致癌性。烧烤、油炸、烟熏等高温加工肉制品占 PAHs 总摄入量的九成以上。

1. 形成途径

食品中 PAHs 的产生机理十分复杂，张浪 等对多环芳烃的形成机理研究，发现目前主要有三种：一是 Bittner-Howard 机理。苯环脱掉1个H加合乙炔后再脱1个H，然后第2个乙炔分子会加合到新生成的乙炔自由基上，最后与苯环发生感应形成第2个环。二是 Frenklach 机理。前两步与 Bittner-Howard 机理相同，但是第2个乙炔分子会加到苯环自由基上，经过环化形成萘基自由基。三是 C5H5 自由基感应。两个 C5H5 自由基相互感应后再失去1个H得到萘自由基，最后与乙炔感应形成 PAHs。

2. 影响因素

（1）食品组分。食品中蛋白质、脂肪和碳水化合物含量对 PAHs 的生成有显著影响。不同的食物在经过热处理后，会含有不同量的 PAHs，如虾、玉米中基本没有，牛肉、鳟鱼中不多，羊肉中含量最高。

（2）加工方式。不同加工方式产生的 PAHs 含量差异较大，熏烤、油炸方式较烘焙、蒸煮等传统加热方式会产生更多 PAHs。研究发现，经木柴烤制的香肠中，苯并芘的含量会显著高于用炭、电方式烤制的。另外，PAHs 含量也会随着煎炸时间的延长而明显增加。

（3）原料生长环境。原料安全性与其生长环境条件（空气、土壤、

水等）密切相关，通过空气沉降、土壤迁移及水通过根系的主动运输，更多的 PAHs 会富集于作物中。应选择无污染区域进行种植，减少环境因素带来的污染。

3. 预防或抑制措施

预防措施包括改进食品加工方式、加强污染控制等。可以进一步改进熏烤、油炸工艺，缩短烤制、烹炸时间等。同时，可以使用纯净的食品级石蜡来包装食物，进一步减少来自包材的污染。另外，也需要严格控制标准，加强源头控制，特别是食用油、熏烤食品中的 PAHs 含量限制。

二、过热蒸汽在食品加工中的应用

过热蒸汽（superheated steam,SHS) 是一种新型热处理技术，是指在一定压力下，对饱和蒸汽（saturated steam,SS）再加热，使其温度高于该压力下的饱和温度而成为过热蒸汽，并将其通入处理室与物料直接接触进行热处理。过热蒸汽最早应用于物料干燥，自 20 世纪 50 年代以来，科研人员对过热蒸汽的理论和应用开展了深入的研究。近年来，随着过热蒸汽理论的不断完善与设备的不断改进，过热蒸汽在食品加工领域的应用越来越广泛，如食品干燥、烘焙、杀菌、稳定化处理、淀粉改性等。相比其他食品热加工技术，过热蒸汽有以下优势：首先，具有更高的传热传质效率，能够迅速使食品物料温度上升，进而提高处理效率；其次，处理环境为无氧环境，可以减少处理中由于食品发生氧化感应而导致的品质下降，及温度较高发生火灾和爆炸危险等问题；最后，具有更高的能效，处理后的蒸汽可以重复利用蒸发潜热而节约能源，同时减少废气排出对环境造成的污染。

从熟制到杀菌，热处理贯穿整个食品加工过程，是食品加工中一项古老而又不可或缺的基本操作，在保证食品安全、改善食品感官品质、提高食品营养价值等方面具有重要作用。不同的热处理方式具有不同的加热特点和能耗性质，从而对食品品质和环境带来不同的影响。过热蒸汽作为一项新型食品热处理技术，已被众多学者证明其在加热效率、产品品质、能源消耗和环境影响等方面具有重要优势。目前，过热蒸汽已应用于食品干燥、烘焙、杀菌、稳定化处理、淀粉和蛋白热改性等多个领域。

（一）过热蒸汽与食品干燥

干燥是重要的食品保存技术，过热蒸汽在食品加工中研究对象最广泛、研究程度最深入的领域是食品干燥。它是指利用过热蒸汽直接与物料接触，将热量传递给物料使其温度升高，从而使物料中的水分蒸发的一种干燥方式。过热蒸汽干燥按照设备操作压力可以分为高压过热蒸汽干燥（500～2 500 kPa)、常压过热蒸汽干燥（约101.3 kPa）和低压过热蒸汽干燥 (9～20 kPa)。不同干燥压力适用于不同的干燥物料，并且对干燥设备有一定要求。高压过热蒸汽干燥温度较高，其在食品干燥领域的应用范围较小，最常见的是在制糖厂用于甜菜浆、果汁等的干燥。常压过热蒸汽干燥可广泛应用于多种物料的干燥，如大米、面条、酒糟等。低压环境下，水的沸点降低，水分的蒸发不需要很高的温度，因此低压过热蒸汽干燥可以在低温环境中干燥食品物料，更好地保留食品物料的营养成分和色泽。目前，在食品干燥领域，低压过热蒸汽干燥最常应用在果蔬类产品和其他一些热敏性物料上。

与其他干燥技术相比，过热蒸汽具有干燥效率高、干燥品质好、能源消耗低等优势。过热蒸汽自身的热特性，以及干燥时以液流的压力差产生的体积流为动力因而无传质阻力的传质特性，使其具有更高的干燥速率，尤其在干燥产品孔隙率、复水率和收缩率等指标上较热风干燥（hot-air drying,HAD）具有明显优势。过热蒸汽干燥过程中样品内部水分迅速蒸发和膨胀使产品形成多孔结构，从而有利于水分的扩散。Erkinbaev et al. 利用 X 射线显微 CT 技术研究了过热蒸汽和热风干燥对酒糟颗粒显微组织的影响，结果发现，与热风干燥相比，由于过热蒸汽干燥而增加的孔隙率（高达 55%）使干燥时间缩短了约 81%。同样，Malaikritsa-Nachalee et al. 使用扫描电镜（scanning electron microscope,SEM）观察热风干燥和低压过热蒸汽干燥的芒果切片时发现，热风干燥样品的结构非常致密，孔隙率较低，并且结构坍塌，而低压过热蒸汽干燥样品具有多孔和未坍塌的组织结构，同时复水性较好。这些研究从微观结构层面揭示了过热蒸汽具有更高干燥效率的机理。

过热蒸汽干燥初期常常会出现初始冷凝现象，这是由于物料初始温度较低，过热蒸汽遇冷凝结。对于水分含量较高的物料来说，初始冷凝对干燥时间的影响较小，而对于干燥前水分含量较低的物料来说，初始冷凝对干燥过程有较大的影响，会延长约 10% ～ 15% 的干燥时间。初始冷凝除了会影响整个干燥过程的时长，还会对干燥产品的品质产生影响。Taechapairoj et al. 在过热蒸汽流化床干燥大米以获得蒸谷米的研究中发现，过热蒸汽的初始冷凝对大米的白度有显著影响，其使覆盖在大米外的糠层和色素物质溶解并渗透进入胚乳，进而使大米色泽加深。提高物料初始干燥温度可以有效降低过热蒸汽初始冷凝程度，进而降低初始冷凝对产品的负面影响。Liu et al. 研究了蒸汽冷凝对低压过热蒸汽干燥青萝卜维生素 C 保留率的影响，结果发现，在 75 ～ 90 ℃的干燥温度范围内，冷凝水中维生素 C 的回收率为 14.06% ～ 18.50%，其中大部分转移发生在初始冷凝期，在干燥工艺前端增加真空预热工艺后，样品在 80 ℃和 90 ℃时的维生素 C 保留率分别为 60.9% 和 65.9%，而连续蒸汽加热样品的维生素 C 保留率分别为 50.6% 和 55.3%，初始预热工艺可降低初始冷凝对青萝卜片中维生素保留率的影响。

过热蒸汽干燥虽然在逆转点温度上具有较高的干燥速率，但其温度过高可能会对食品品质造成一定的影响，如过热蒸汽干燥稻谷，脱壳后大米颜色较普通蒸谷米颜色更深。虽然低压真空干燥可解决热敏性物料干燥问题，但其干燥效率有所降低。过热蒸汽干燥技术与其他干燥技术的联合应用可以起到扬长避短、相互补充的作用。目前，过热蒸汽－热风联合干燥、过热蒸汽－真空联合干燥、过热蒸汽－低温联合干燥等技术已应用至苹果渣、马铃薯全粉、竹笋、鲍鱼等物料。虽然过热蒸汽干燥技术具有许多优点，但大多数应用尚处于实验室研究阶段，在食品领域的实际生产中的报道较少，这是因为过热蒸汽干燥设备相较于其所应用的产品（常用于农副产品，附加值较低）来说，存在投资大、操作难、维护成本高等问题。并且低压过热蒸汽对设备的密封要求较高，在实际中难以实现连续性生产，因此过热蒸汽在食品领域的普及应用需要进一步的探索研究，以克服其存在的短处，减少其在生产应用中的局限性。

（二）过热蒸汽与食品烘焙

烘焙是许多食品加工中的重要操作单元，过热蒸汽较高的传热传质效率和无氧环境等优势，使其可以作为一种新型烘焙技术取代传统以热空气为介质的烘焙方法。目前已经应用至多种食品的加工生产中，如油料种子、咖啡豆、可可豆、肉类等。人们在油料种子的烘焙中发现，使用过热蒸汽具有提高出油率、改善脂肪品质和降低不良风味等优点。比如，250 ℃下过热蒸汽烘烤后的花生具有更高的出油率（26.84%），且与传统烘烤方式相比，过热蒸汽烘烤后提取的花生油油色、酸值、过氧化氢、对茴香胺、游离脂肪酸、共轭二烯和三烯含量较低，黏度和碘值较高。

此外，过热蒸汽处理（superheated steam treatment,SST）后的紫苏籽出油率提高 2.5 倍，过热蒸汽处理破坏了紫苏籽的细胞结构，出现种皮分离现象，从而促进出油，且处理后不良气味强度降低，出现 1- 戊烯 -3- 醇、3- 糠醛、苯甲醛、5- 甲基糠醛和糠醇等挥发性芳香化合物。咖啡豆和可可豆具有独特的感官特征，过热蒸汽烘焙的应用有效改善了其感官品质。例如，在可可豆的过热蒸汽烘焙研究中发现，200 ℃条件下烘焙 10 min，可可豆中吡嗪类特征风味物质生成量已达到合适标准，而传统对流烘焙的条件为 120 ～ 250 ℃ ,60 ～ 120 min，即过热蒸汽技术烘焙可可豆可以在较短的时间内达到理想的风味特征。相比热风烘焙，咖啡豆的过热蒸汽烘焙可有效减少 2- 甲基呋喃、2-[（甲硫基）甲基] 呋喃、2- 呋喃甲醇、1- 甲基哌啶、吡啶和 2- 甲基吡啶等表现出辛辣、烧焦的不良气味的挥发性化合物含量，增加 2- 呋喃甲醛、5- 甲基 -2- 呋喃甲醛和 2- 羟基 -3- 甲基 -2- 环戊烯 -1- 酮等具有焦糖香气的挥发性化合物含量。肉类的烤制是一种广受欢迎的烹饪方法，Suleman et al. 分析了不同烤制方式对羊肉饼品质的影响，研究发现过热蒸汽具有保证肉饼质构和色泽，降低杂环胺类有害物质含量等明显优势。

上述研究仅对产品的品质进行了细致的分析，但均未考虑过热蒸汽烘烤装置的能耗。在实际生产中，设备能耗是企业选择设备及工艺时的必要考量。作者在整理文献时发现，上述过热蒸汽的烘焙研究大多采用实验室规模的过热蒸汽烤箱，且均未设置尾气回收装置，而过热蒸汽的低能耗优势主要是通过循环利用尾气中的剩余能量，或者将多余蒸汽用于其他的生产操作。因此，未来的研究应更多地关注过热蒸汽烘焙设备的研制及能源节约问题。

（三）过热蒸汽与食品杀菌

作为一种新兴杀菌技术，过热蒸汽已被应用于果蔬（樱桃番茄、柑橘、大蒜等）、谷物（大麦、小麦粉、全麦粉等）、香料（黑胡椒）、干果（山核桃、杏仁、干红枣等）、肉类（熟制小龙虾）等的杀菌以及食品接触面的卫生控制中。相比传统的热水和热蒸汽杀菌处理，过热蒸汽具有高效、节能、环保等特点。饱和蒸汽与过热蒸汽对微生物灭活效果有显著区别的主要原因是饱和蒸汽在物料表面上冷凝时，会形成一层连续的冷凝液薄膜且由于处理室内湿度饱和，形成的冷凝液薄膜几乎不会蒸发，成为微生物的保护膜，增加微生物的耐热性，而过热蒸汽处理时，处理室内湿度低，凝结液薄膜会很快被过热蒸汽带走。

影响过热蒸汽的灭菌效果的因素除温度、流量、作用时间外，还存在其他因素。有学者基于花生酱中屎肠球菌的灭活动力学研究结果对过热蒸汽的灭菌机理进行了更加深入的探讨，提出了过热蒸汽在微生物的灭活过程中存在与过热蒸汽干燥中相似的"逆转点"，当温度低于该逆转点时，微生物对温度变化高度敏感，当温度高于该逆转点时，微生物对温度变化敏感度降低。另外，食品表面粗糙度对过热蒸汽灭菌效果影响较大。

对谷物粉如小麦粉进行灭菌时，谷物粉的水分含量对灭菌效果也有较大影响。Huang et al.通过模型预测和方差分析得出，过热蒸汽处理条件对小麦粉灭菌效果影响大小的顺序为处理时间 > 含水率 > 处理温度。相比处理温度，含水率对灭菌效果的影响更大，这是因为微生物细胞内蛋白质的变性与其水分含量有关，水分含量越高，越容易变性。除此之外，过热蒸汽杀菌操作在产品加工流程中的位置顺序对微生物的灭活效果也具有重要影响，Hu et al. 进行了过热蒸汽对非润麦和润麦工艺后的小麦籽粒微生物的灭活研究，结果发现，润麦工艺会提高小麦籽粒初始微生物载量，但同时促进了微生物的灭活，因此作者建议将过热蒸汽杀菌处理放在润麦工艺后磨粉工艺前，以得到洁净小麦粉。

在灭活食品表面的微生物时，虽然过热蒸汽的处理时间很短，但其温度过高，依然有可能对食品品质产生负面影响，因此过热蒸汽联合其他灭菌技术就显现出其优越性。Kwon et al. 证明 2% 乳酸和 200 ℃过热蒸汽联合作用 20 s 后，哈密瓜果块上大肠杆菌 O157 ： H7、鼠伤寒沙门氏菌和单增李斯特菌 3 种病原菌的数量均降至检测下限（1.0l gCFU/cm²）以下，而单独使用 200℃过热蒸汽处理 30s 后 3 种病原菌的数量也会降至检测线下，但该处理条件对哈密瓜果块表面的色泽产生负面影响。Jo et al. 发现过热蒸汽联合萌发化合物（50 mmol/L L– 丙氨酸和 5 mmol/L 肌苷酸二钠）对蜡样芽孢杆菌 ATCC14579 芽孢的灭活效果较单独使用过热蒸汽好，且不会造成亚致死性损伤。

过热蒸汽杀菌技术的特点在于高温短时，但需要与杀菌物料表面直接接触，利用高温破坏微生物细胞结构，因此适用于短时间内可完成的杀菌过程及短时高温不会造成品质劣化的食品物料。另外，由于过热蒸汽的气态流动性，其可充满食品接触表面及难以清理的缝隙，因此可满足食品工厂中的卫生控制，如对食品管道、食品容器、食品耐热包装等的有效杀菌。与其他物理杀菌技术相同，过热蒸汽既有优势又存在局限性，如过热蒸汽不宜用于体积较大的食品的内部杀菌，因为长时间高温会严重破坏食品品质。但没有一种技术可以做到完美，因此在实际应用中，应结合过热杀菌技术优势与食品特性，单独或联合其他技术使用，以发挥其最大优势。

（四）过热蒸汽与食品稳定化处理

近年来，过热蒸汽在食品稳定化处理上的应用研究主要集中在谷物类食物及其副产物的贮藏上，包括小麦、大米、荞麦、青稞、燕麦、麦麸、稻糠、小麦胚芽等，主要利用过热蒸汽的热特性钝化食品物料中脂肪酶、脂肪氧化酶等酶的活性，使食品物料在贮藏过程中减少氧化酸败，品质保持在相对稳定的状态。在钝酶效果方面，过热蒸汽的短时处理可以显著降低谷物中脂肪酶、脂肪氧化酶和过氧化物酶等酶的活性。Wang et al. 发现，过热蒸汽 170 ℃处理 5 min 可将荞麦中脂肪酶活性降至 50%以上，但更高温度（200 ℃）的过热蒸汽处理条件对荞麦品质影响较大，会出现失水严重，甚至烧焦等现象。

此外，不同谷物中脂肪酶对温度的敏感度不同。Chang et al. 发现过热蒸汽 160 ℃处理 2 min，燕麦中脂肪酶的活性降低 78%，且 170 ℃处理 5 min 可完全灭活燕麦中的脂肪酶。Wang et al. 研究发现，160 ℃和 2 ~ 8 min 的过热蒸汽处理条件下，青稞籽粒中脂肪酶活性的下降幅度在 9.04% ~ 39.13%。不同作物中脂肪酶对温度的敏感度差异较大的现象可能与作物的习性和生长环境相关。除了酶自身的性质外，水分在谷物中的分布也会影响过热蒸汽处理后谷物的酶活性降低率。Wang et al. 探究了过热蒸汽结合调质处理对青稞贮藏过程中脂质氧化的影响，通过低场核磁共振测定了调质过程中的水分分布，揭示了调质过程中自由水从籽粒外部向内迁移，与分布在籽粒外层的脂肪酶和过氧化物酶结合，从而提高了过热蒸汽处理后青稞籽粒的酶活性降低率。

过热蒸汽处理后，谷物类物料的综合品质可以保持在较高的水平。Boonmawat et al. 发现在过热蒸汽温度 275 ℃、325 ℃、375 ℃，处理时间 5 s、10 s、15 s、20 s 的所有处理条件下均能降低米糠的含水量、过氧化值和游离脂肪酸含量，保持总酚含量不变，提高其抗氧化活性，但总色差存在一定波动。Hu et al. 对比了过热蒸汽和热空气处理对麦麸品质的影响，结果表明，过热蒸汽处理麦麸的亮度、可提取酚类化合物含量、抗氧化活性、不饱和脂肪酸含量、感官评分均高于热空气处理麦麸。

过热蒸汽处理小麦粉可有效抑制鲜面条在贮藏过程中的褐变、酸败等现象，尽管降低了面条的初始硬度和弹性等物性指标，但延缓了面条贮藏过程质构品质的劣变。

除谷物外，过热蒸汽也应用于豆类物料的稳定化。Chong et al. 采用响应面分析法优化了过热蒸汽处理大豆豆浆工艺，发现在 119 ℃、9.3 min 的过热蒸汽处理条件下，脂氧合酶活性最低，粗蛋白含量最高，豆腥风味显著减弱（P < 0.05）。Yang et al. 发现过热蒸汽处理 (160 ～ 190 ℃ ,40 s) 可有效灭活黑豆中脂肪酶、脂氧合酶和过氧化物酶活性，同时，过热蒸汽处理(190 ℃ ,40 s)对黑大豆面条[m(小麦粉)：m(大豆粉)=8：3]中脂质的稳定效果最好，有效抑制了贮藏中挥发性异味化合物的产生。在对食品将进行稳定化处理时，应以产品的最终品质为目标，如在谷物的稳定化工艺研究中应考虑谷物的研磨特性，谷物粉品质特性等，完善稳定化工艺对谷物加工影响的研究。同时，研制更加完善的设备，在节约能耗、降低设备成本、产业化应用等方面做出努力。

（五）热蒸汽与淀粉、蛋白质改性

近年来，研究人员也尝试将过热蒸汽作为一种新型、高效、节能的热改性技术，来代替传统的湿热改性方法。对于淀粉改性来说，传统的湿热改性方法是在相对湿度低于 35%，温度高于玻璃质转化温度但低于糊化温度的条件下处理淀粉，进而达到改变其理化特性的目的，但这种物理改性方法较为耗时耗能。除此之外，在蛋白质改性方面，传统的热处理不仅会降低蛋白质的溶解度，还因其加热不够剧烈，不足以改变蛋白质所需要修饰的特定序列和构象。相比之下，过热蒸汽处理可以在节能节时的同时，达到淀粉、蛋白质改性的目的。过热蒸汽处理通过改变淀粉的微观结构，进而影响其理化性质和消化特性。小麦面粉经过热蒸汽处理后，粒度分布呈单峰分布，平均粒径增大，相对结晶度降低。这些变化与淀粉 – 淀粉、淀粉 – 蛋白质、淀粉 – 脂质复合物的形成有关，且在一定温度范围内，热蒸汽处理不会改变淀粉的双折射性质，即不会对淀粉内部微观结构造成影响，但温度过高双折射强度变弱，分子取向有序度降低。在淀粉颗粒形态方面，过热蒸汽处理会导致淀粉颗粒表面出现凹陷、粗糙、粘连、变形等现象，这可能与高温使淀粉颗粒致密、表面膨化、糊化有关。

结构的变化进而引发其性质改变。过热蒸汽处理会破坏支链淀粉晶体和双螺旋，淀粉颗粒稳定性降低，淀粉分子重排，支链长度增加，同时由于蛋白质、脂质与淀粉的相互作用阻止水分进入淀粉颗粒等原因，过热蒸汽处理后淀粉分子的膨胀势和溶解度降低，进而导致其糊化温度升高和峰值黏度降低。改性的目的在于实现更好的应用特性，Wu et al. 发现，适宜含水率（20%）的葛根淀粉经过热蒸汽处理（120 ℃、1 h）后，膨胀势显著降低，糊化温度显著升高，延迟了起始糊化时间和黏性凝胶的形成，这些变化可以使淀粉颗粒在被凝胶包裹之前吸收足够的水分，从而降低葛根淀粉在热水中的结块率（从42.2% 降至 3.0%)，且不会破坏葛根淀粉自然微结构的情况，可以有效防止淀粉掺假现象的发生。

淀粉颗粒的消化特性与淀粉颗粒的形态和分子结构有关，因此过热蒸汽处理也会影响淀粉的消化特性。过热蒸汽处理小麦面粉后，淀粉颗粒与面筋蛋白或脂质之间相互作用形成稳定的分子间聚集体，这可能会限制淀粉颗粒对酶感应的物理可及性，造成抗性淀粉和慢消化淀粉含量的增加，而快消化淀粉含量降低，在一定温度范围内（110～90 ℃,4 min)，慢消化淀粉和抗性淀粉的含量随着温度的升高而增加。在过热蒸汽对马铃薯淀粉的改性研究中，温度过高（140～160 ℃）对抗性淀粉的含量无显著影响，这是因为温度过高引起淀粉分子较大的链迁移率，从而不利于消化过程中重新形成有序区域。与天然面粉相比，水分含量较高的面粉经过热蒸汽处理后（140～170 ℃,4 min)，抗性淀粉和慢消化淀粉含量显著提高，快消化淀粉含量显著降低。这是因为水分含量较高，其淀粉分子之间及其与蛋白质和脂质之间的相互作用更强，降低了水解酶的可及性，此外，水分含量较高的面粉的淀粉颗粒部分糊化冷却后的老化和重结晶也促进了抗性淀粉和慢消化淀粉的形成。除利用过热蒸汽直接处理淀粉，提高抗性淀粉含量的方法外，Zhong et al. 通过过热蒸汽结合柠檬酸处理的方法制备了一种淀粉颗粒相对完整的抗性淀粉——大米淀粉柠檬酸酯，结果表明，与传统化学改性方法相比，过热蒸汽结合柠檬酸处理在不改变淀粉颗粒结构的前提下，提高了抗性淀粉的含量。

过热蒸汽处理不仅可以进行淀粉改性，也可以作为一种蛋白质的热改性方法。Ma et al.发现，采用过热蒸汽处理后小麦粉制成的蛋糕的硬度从1 465 g(天然面粉)降至377 g(150 ℃,1 min)，同时蛋糕的比容从3.1 mL/g（天然面粉）增加到3.9 mL/g(150 ℃,1 min)，这些变化与过热蒸汽处理削弱了面团中的面筋强度有关。除此之外，卵类黏蛋白是鸡蛋变应原的主要成分，也是一种耐热蛋白，100 ℃、60 min的加热条件都难以使其变性，Wen et al.探究了以过热蒸汽作为一种高效安全的热改性技术以降低卵类黏蛋白的过敏性，结果表明过热蒸汽处理后卵类黏蛋白产生了聚集体形成、官能团和氨基酸修饰以及初级结构的改变，使其过敏性降低，消化率增加。虽然过热蒸汽相比传统的热改性技术具有一定的优势，但目前对于过热蒸汽的改性理论研究仍不完善，未来应集中关注改性后淀粉、蛋白微观结构与宏观结构发生变化之间的联系，不同强度热处理对淀粉、蛋白产生的不同影响，完善改性后淀粉蛋白的体内消化研究，等等。

（六）过热蒸汽在其他方面的应用

过热蒸汽在食品领域的应用除干燥、烘焙、杀菌、稳定化处理和改性外，还可以通过调整工艺参数，以降解食品中毒素和抑制有害化合物的生成，如在小麦干燥过程中降解小麦脱氧雪腐镰刀菌烯醇、在花生烘焙过程中降解黄曲霉毒素、在咖啡烘焙过程中减少丙烯酰胺和多环芳烃含量等。此外，过热蒸汽还可以提高食品副产物中功能活性化合物的提取率，如茶渣经过热蒸汽预处理后茶多酚提取率从15.84%提高至21.19%。另外，过热蒸汽也逐渐应用至烹饪领域，如过热蒸汽处理可以减少大麦食用时的不良风味，改善猪肉口感。过热蒸汽蒸烤箱在市场上的出现也更加说明过热蒸汽是一种具有前景的烹饪方法。

三、食品热处理的方法

食品热处理的类型主要有工业烹饪、热烫、热挤压和杀菌等。

（1）工业烹饪。工业烹饪是食品加工的一种前处理过程，通常是为了提高食品的感官质量而采取的一种处理手段。烹饪通常有煮、焖（炖）、烘（焙）、炸（煎）、烤等。一般煮多在沸水中进行；焙、烤以干热的形式加热，温度较高；煎、炸则在较高温度的油介质中进行。

（2）热烫又称烫漂、杀青、预煮，目的是破坏或钝化食品中导致食品质量变化的酶类，以保持食品原有的品质，防止或减少食品在加工和保藏中由酶引起的食品色、香、味的劣化和营养成分的损失。热烫主要应用于蔬菜和某些水果，通常是蔬菜和水果冷冻、干燥或罐藏前的一种前处理工序。

（3）热挤压。挤压是将食品物料放入挤压机中，使物料在螺杆的挤压下形成熔融状态，然后在卸料端通过模具挤出的过程。热挤压是指食品物料在挤压的过程中还被加热。热挤压也被称为挤压蒸煮。挤压是结合了混合、蒸煮、揉搓、剪切、成型等几种单元操作的过程。

（4）热杀菌。根据要杀灭微生物的种类的不同，热杀菌可分为巴氏杀菌和商业杀菌。

第九章　食品的非热加工

第一节　食品辐照技术

一、食品辐射技术认识

食品辐照（food irradiation）是利用电离辐射（γ射线、电子束或 X 射线）与物质的相互作用所产生的物理、化学和生物效应，对食品进行加工处理的新型保藏技术。20 世纪 40 年代，美国军方为了解决军用食品供给，开始研究食品辐照技术。食品辐照是人类利用核技术开发出来的一种新型的食品保藏技术，食品经过一定剂量的射线或电子束辐射，可消除食品中的病原微生物、破坏生物毒素或抑制某些生理过程，从而达到食品保藏或保鲜的目的。

食品辐照加工是利用射线照射食品（包括原材料），延迟新鲜食物某些生理过程（发芽和成熟）的发展，或对食品进行杀虫、消毒、杀菌、防霉等处理，达到延长保藏时间，稳定、提高食品质量目的的操作过程。食品辐照是纯物理加工过程，食品接受的是射线的能量。辐照食品根本不接触放射物质，亦无残留放射性。

辐照食品是指为了达到某种实用目的（保藏、杀虫、杀菌等），按照辐照工艺规范的规定，经过一定剂量电离辐射辐照过的食品。辐照食品对人体健康无害，也不会导致食品中营养成分大量损失。辐照后在食品中产生的辐解产物，其含量与种类与常规烹调方法没有区别。

二、技术优势

一是节约能源。与热处理、干燥和冷冻保藏食品相比，食品辐照技术的能耗较低。

二是杀菌效果好。可通过调整辐照剂量满足对各类食品的杀菌要求。

三是穿透能力强。射线能快速、均匀、较深地穿透物体，与热处理相比，辐照过程易做到精确控制。

四是保持食品的原有风味。保藏效果好，可最大限度地保持食品的原有风味。

五是无残留。减少环境污染，提高食品卫生质量。

六是无二次污染。实现对包装好的食品杀菌保鲜处理，消除食品生产运输中可能出现的交叉污染。

三、食品辐照技术的特点

食品辐照技术不同于化学熏蒸法和腌制法，不需要加入添加物，其与加热、冷冻等一样，属于冷处理技术。食品辐照技术具有以下特点：

（一）最大限度地保持食品原有的成分和风味

食品辐照技术在常温下进行，利用 X 射线、γ 射线或电子束能量高、穿透力强的特点对食品进行处理，因此又称冷加工技术。整个过程中，食品内部的温度变化不大，因此能够最大限度地保持食品原有的风味，不影响产品的营养和食用品质。通过对食品辐照前后的品质进行测定发现，食品的感官指标及营养成分在辐照前后变化不显著。王超 等研究了 γ 辐照对低温火腿肉制品感官指标，当辐照剂量为 10 kGy 时，产品贮存 60 d 后，其色泽、质构和风味变化不大。康芬芬 等用 γ 射线辐照处理香蕉，用 200 Gy 和 400 Gy 辐照处理的香蕉，能使其绿色在 26 ℃保持 5 ～ 6 d，能延长贮藏期，其蛋白质含量、脂肪含量、矿物质元素含量的变化不大，与对照之间没有显著性差异。刘福莉 等用 γ 射线和电子束辐照猪肉火腿肠，经处理后 30 ℃下储藏 10 d 过程中硬度、色泽等感官特征没有显著变化。

（二）污染少、安全环保

食品辐照技术是依靠射线的穿透作用，使食品中的各成分发生生物效应，起到杀菌等效果，所以整个过程不添加任何药物，食品更加安全。辐照装置是自动化控制装置，辐照停止后，射线立即停止，无放射性残留。人们对辐照食品的研究发现，食用辐照食品对人的生长、生育、寿命均无不良影响，且不会致癌、致畸，也未发现因辐照而产生的有害物质。经过多年试验得出的结论是辐照剂量在 10 kGy 以下，食品是安全的，不需要再做毒理学实验，超过 10 kGy 剂量的辐照食品也是安全卫生的。

（三）操作方便，杀菌更彻底

辐照处理法依靠 X 射线、γ 射线或电子束能量高、穿透力强的特点，对食品进行照射，起到杀菌效果的，因此射线可以非常容易的到达食品内部，不仅可以将表面的各种寄生虫和致病菌杀灭，还可以对食品内部的害虫及微生物具有较好的杀灭效果，对食品可以起到灭菌的效果。用 γ 射线辐照控制冷却鸡肉中的致病菌，当辐照剂量为 5 KGy 时，细菌总数致死率达 99.98%，几乎完全杀灭。经不同剂量辐照处理后，大豆蛋白粉中微生物的含量明显降低，且辐照剂量越大，杀菌效果越明显，当辐照剂量为 4 kGy 时，大豆蛋白粉中的菌落总数为 120 CFU/g，大肠菌群 < 30 MPN/100 g，霉菌为 10 CFU/g，当辐照剂量达到 6 kGy 时，大豆蛋白粉中菌落总数为 63 CFU/g，大肠菌群 < 30 MPN/100 g，霉菌为 10 CFU/g。另外，辐射技术具有很高的技术含量，自动化程度高，可以根据需要任意调节辐照剂量，达到不同的杀菌程度，直至完全灭菌。李俐俐 等通过辐照杀灭出口冷冻虾仁中的金黄色葡萄球菌，调节不同剂量时杀菌效果不同，当剂量为 5 ～ 6 kGy 时，能全部杀灭虾仁中金黄色葡萄球菌。

（四）辐照技术效率高，能耗少，运行成本低

目前，我国食品辐照装置已进入商业化，在生产过程中采用自动化装置，辐照效率高，辐照一个样品仅需几秒钟的时间，因此辐照技术能耗较低，减少了运行中的成本。据国际原子能机构计算，食品采用冷藏需要消耗能量 90 kW（h/t），巴氏加热消毒为 230 kW（h/t），热消毒为 300 kW（h/t），脱水脉冲处理为 700 kW（h/t），而辐照消毒品需要 6.3 kW（h/t），辐照巴氏消毒仅为 0.76 kW（h/t），节约能耗为 70% ～ 90%。辐射处理与热处理、干燥和冷冻保藏食品法相比，能耗低。

四、食品辐照技术的应用

辐照技术具有节约能源、无污染、食品温度上升小等特点。目前，其在果品蔬菜的保鲜、肉及肉制品的保藏等方面具有广泛的应用，可用于食品中的杀菌杀虫、抑制发芽、降解有毒有害物质。

（一）杀虫杀菌，延长保存期

杀虫杀菌是辐照技术在食品加工中的主要应用，经过一定剂量的照射后，可以起到彻底杀虫杀菌的作用。经过杀虫杀菌后，食品的感官及营养品质不发生显著变化。单国尧 等用 60Co 或 137 Cs-γ 射线照射包装为尼龙 - 聚乙烯复合膜包装袋的大米，经过辐照后能有效地杀灭害虫和防止霉变，且可使大米 1 年内不生虫、不发霉，对米饭的口感、黏度、香味影响也不明显，基本保持了大米原有的色香味。杨文鸽 等以美国红鱼为研究对象，研究用电子束辐照的杀菌效果，结果表明，辐照能明显减少美国红鱼肉中的菌落总数，并延缓贮藏期间菌落总数的增加速度，且辐照剂量越大，杀菌效果越明显。用电子束辐照泥蚶杀菌，随着辐照剂量增加，泥蚶菌落总数逐步减少，辐照后的泥蚶在冷藏期间，随着时间的延长，菌落总数均有所增加，但增加速度缓慢。王少丹 等用电子束辐照杀灭鲜切青椒表面食源性致病菌，用 1 kGy 辐照结合酸化亚氯酸钠能有效杀灭表面的食源性致病菌，而且不会影响其品质。脱水蔬菜（干蘑菇、木耳等）采用复合包装材料及适宜辐照剂量（6 ~ 8 kGy）辐照可使保藏期达到 1 年以上。另外，采用电子束辐照技术对粮食储藏，尤其是散粮的储藏，有很好的杀虫或抑菌效果。

（二）抑制发芽，延缓后熟

食品辐照通过影响果蔬的生理代谢和生长点的结构，干扰生理活性物质的正常合成，可以起到抑制发芽、降低呼吸强度、延缓后熟、延长保藏时间等作用，多用于水果蔬菜的贮藏保鲜。马艳萍 等用 60Co-γ 射线对鲜食核桃辐照，观察在贮藏期间的萌芽情况，结果表明，经辐照处理后在贮藏期间未出现发芽现象，发芽率及芽长与对照有极显著差异，所以辐照能显著抑制核桃胚芽萌发。以 60Co 产生的 γ 射线和电子加速器产生的高能电子束，分别对大蒜进行辐照处理，发现两者都能有效抑芽，且在相同辐照剂量下，电子束辐照抑芽效果强于 60Co-γ 射线；经两种辐照后还能抑制大蒜呼吸作用，延缓质量损失，且对大蒜鳞茎外皮颜色和大蒜风味品质影响不大。枣果经 60Co-γ 射线辐照再冷藏，其表面微生物大部分被杀死，微生物总数降低；经辐照处理后，维生素 C、可滴定酸、总糖、还原糖含量无明显变化，降低了失重率。王秋芳 等以花椰菜为对象，研究电子束辐照对食品的后熟作用，发现 500 Gy 和 1 000 Gy 能显著抑制花椰菜的呼吸强度，减轻失重，延缓后熟，延长储藏时间。用电子束 1 000 Gy 以下辐照巨峰葡萄，能有效抑制葡萄的呼吸强度，其中 SOD 活性、可滴定酸和维生素 C 及总糖含量都比对照组高，经贮藏 98 d 后，保鲜效果较好。

（三）有毒有害物质降解

食品辐照技术不仅可以用于延长食品的货架期，较低剂量照射能够在不显著影响食品品质的前提下，使药物分子或化学污染残留物分子发生断裂、交联等一系列感应，改变这些分子原有的结构及生物学特性，从而去除食品中残留的有毒有害物质，对食品的安全性控制具有重要意义。Ferreira-Castro et al. 研究表明，γ 射线辐照可有效抑制真菌毒素的生长，降低镰刀菌素的浓度，当辐照剂量为 10 kGy 时，玉米中的镰刀菌素可完全降解。Aziz et al. 报道，当辐照剂量为 5 kGy 时，小麦、玉米和大麦中的伏马菌素 B1 的降解率分别为 96.6%、87.1% 和 100%；剂量增加到 7 kGy 时，小麦和玉米中的伏马菌素可完全被破坏，失去毒性。杨郡婷 等研究表明，γ 射线可以显著降低肉制品中克伦特罗含量，降解率随辐照剂量增大而提高，当辐照剂量为 3.4 kGy 时，肉制品中克伦特罗的降解率在 80% 以上。辐照技术也可以用于农药残留的降解，伍玲 等采用辐照技术对茶叶进行处理，茶叶中的菊酯类农药，随着辐照吸收剂量的增加，降解增加；50 kGy 时，菊酯类农药残留降解可以达到或接近欧盟农残限量标准，而营养成分含量和品质基本不变，以 60Co-γ 射线辐照蜂蜜和虾，研究其氯霉素的降解率，经过照射后，蜂蜜和虾中的氯霉素的降解率可达 99.12% 和 94.75%。

五、食品辐照技术存在的问题

食品辐照技术在我国得到了广泛的发展，取得了一定的进步，但在推广应用过程中，该技术仍有待完善。

（一）辐照对食品成分的影响

水是食品的重要组成成分，新鲜的食品、农产品和水产品等含有大量水分，其水分活度的高低对食品的保藏具有重要影响。水分子受辐照后易发生电离，产生具有很强的氧化性或还原性的过氧化氢、羟基自由基等，使水分活度升高。而食品中富含蛋白质、脂肪、糖类和维生素，易与辐照产生的物质等发生感应，从而破坏营养物质的结构，降低其生理价值。因此，食品中的水分是影响辐照品质的重要因素之一。

（二）辐照对碳水化合物的影响

碳水化合物属于大分子物质，受辐照后相对稳定。一般情况下，低剂量的辐照不会使高含糖量的食品品质发生变化，其营养价值也不因辐射而改变。固态的糖辐照后，易发生分解。辐照溶液中的糖类，主要是由于水电离产生的自由基造成的，主要产物有甲醛、丙醛、乙二醛、醛糖酸、糖聚合体、脱氧化合物等。辐照低聚糖和多糖，还会发生糖苷键的断裂，形成更小单位的糖类。一般情况下，低剂量的辐照杀菌过程对糖的消化率和营养价值没有影响。

（三）辐照对维生素的影响

维生素分子对辐照较为敏感，其影响程度取决于辐照剂量、温度、氧气和食物类型。低温或缺氧状态下辐照可以减少维生素的损失。辐照对水溶性维生素的破坏主要是射线作用于水溶液产生自由基的间接效应所致，各种水溶性维生素接受辐照后，均有不同程度的损失，其中维生素 C 对辐照最为敏感，高浓度的维生素 C 溶液对辐照的敏感性要高于低浓度溶液。由于在食品中维生素都是与其他物质复合存在，受到一定程度的"保护"，所以其对辐照的敏感性大大降低。脂溶性维生素受到辐照后，也会有不同程度的损失，其中维生素 E 最为敏感。辐照所造成的维生素损失，与其他食品加工方式相比（如热加工），所造成的损失要轻微得多。

（四）辐照对脂肪的影响

脂肪属于大分子物质，在动物性食品中含量较多，辐照使得脂肪分子加速氧化，出现令人不愉快的异味。氧化程度的高低取决于脂肪的不饱和程度、辐照剂量和氧气浓度等。有文献表明，脂肪的氧化程度随辐照剂量的增加而增加，可通过测定过氧化值来证明。辐照一些高脂肪类的食品，会产生"辐照异味"，这些异味的产生是由于辐照过程所产生的"辐解产物"，从而影响了食品的感官品质。辐照所引起的脂肪氧化和脂肪酸的降解是辐照异味产生的主要途径。有文献报道，经辐照的肉制食品中，会产生一些有挥发性的醛类，可通过测定硫代巴比妥酸（TBA）值反映其氧化程度。

（五）辐照对氨基酸的影响

各种蛋白质是由不同数量和种类氨基酸组成的，由于食品中游离氨基酸所在环境体系复杂，其经辐照后的感应多样，主要发生脱氨作用生成长碳链脂肪酸，同时产生小分子 H_2S 等。王守经 等研究表明，辐照前后生姜中各种氨基酸含量与对照组相比，氨基酸含量变化不显著，只有蛋氨酸和精氨酸含量减少较多。郭峰 等研究发现，在低温（–10 ℃）条件下辐照冻干牛肉片，结果表明经 4 kGy 辐照后，牛肉中各种氨基酸含量变化不显著。袁芳以豆腐干为研究对象，采用高效液相色谱法（HPLC）测定样品经辐照前后氨基酸含量的变化情况，结果表明豆腐干经 0 ~ 10 kGy 剂量的辐照后，各种氨基酸含量变化不显著。

（六）辐照对蛋白质的影响

蛋白质是人体所需八大营养素之一，也是食品主要组成成分之一。蛋白质由氨基酸组成，其结构复杂，共分为 4 级结构，分别具有不同的生物学功能。食品中的蛋白质与其他成分共同存在于一个体系中，因此辐照对蛋白质的作用机制比较复杂，主要通过辐照作用于蛋白质所处环境中的水产生自由基，使蛋白质发生脱羧、氨基氧化、二硫键断裂和肽链的降解或交联感应，改变了蛋白质分子的空间结构，从而改变其某些生物学特性。但是，在商业允许的辐照剂量下，其蛋白质、氨基酸含量与传统加热杀菌造成的损失相比大大降低。经一定剂量的辐照后，蛋白质携带的过敏原基团被改变，达到了脱敏的效果。

六、食品辐照技术的发展前景

食品辐照技术具有无污染、无残留、完整保留食品中的营养成分和风味、杀菌彻底且成本、能耗低等优点，可以提高食品的保藏性能。只要掌握其加工特性、控制好影响因素并使其达到最佳的组合，遵守食品辐照的技术及卫生标准，正确应用，就能加工出高品质的产品。随着人们生活水平的提高，人们对高质量、高营养食品的需要越来越高。因此，食品的辐照技术在未来的食品工业中具有广阔的应用前景。

第二节 超高压技术

食品的超高压（UHP 或 HHP）技术是指将密封于弹性容器内的食品置于水或其他液体作为传压介质的压力系统中，经 100 MPa 以上的压力处理，以达到杀菌、灭酶和改善食品的功能特性等目的。超高压处理通常在室温或较低的温度下进行，在一定高压下，食品蛋白质变性、淀粉糊化、酶失活，生命停止活动，细菌等微生物被杀死。该技术主要适用于各种饮料、流质食品、调味品及其他各种包装的固体食品。

超高压技术当前在石油化工、材料制造、静压处理、粉末冶金、地球物理等众多领域得到了广泛应用，这里主要针对其在食品化工领域中的发展应用情况展开分析。在利用超高压技术对食品进行加工处理的过程中，操作人员通常会将食品于容器中密封，在常温或温度稍高的情况下（低于60℃）设置油或水等液体传压介质，并为介质施加100～1 000 MPa的压力，使得各类有害的微生物在超高压力的作用下失去活性，实现食品加工的目的。

超高压技术作为一项新技术在食品化工领域中得到了广泛应用，其工作过程中不会对食品加热，也不会将防腐剂等影响食品安全的化学试剂加入食品之中，而是通过高压实现对细菌等微生物细胞状态的破坏，起到灭菌的效果，提升食品的保质期。同时，超高压技术在应用过程中不会导致食品所处的环境温度产生较大的变化，可以确保食品中各类营养成分，尤其是对温度较为敏感的营养成分不会在这一过程中出现共价键被破坏的情况，从而实现对食品色香味以及营养功能效果的良好保存。操作简单、工艺安全、环保的超高压技术在食品化工行业具有较为宽广的前景和发展潜力，无论是方便密封的价格还是水果蔬菜的处理，超高压技术都得到了良好的应用，为食品行业创造了更多效益。

一、操作控制

（1）超高压处理要求非常特殊的设备，如橘子汁可能在压力室内批处理，然后无菌灌装预先消毒的包装内。

（2）超高压加工必须考虑微生物的种类、产品特性、理想的过程（巴氏杀菌或商业消毒）和产品销售方式。

（3）超高压处理对生长的细菌、酵母和霉菌是非常有效的，但芽孢对高压不会失活，而要另外加热或其他一些作用，以达杀死的高水平。

二、设备装置

超高压杀菌机的杀菌原理是利用超高压破坏霉菌、细菌的组织，从而保持食品鲜度。完全没有加热、添加防腐剂等传统的杀菌方法引起食品营养降低、香味丧失的缺点。本装置为批量式，加压槽采用连续方式，是一种高效率的大品量生产方式。

技术特点：一是不需加热；二是具有广谱杀菌作用；三是经处理后的食品，其风味和品质不受影响。

三、技术优势

超高压食品加工技术是一个物理过程，在处理食品时主要遵循两个原理，即帕斯卡原理和勒夏特勒原理。帕斯卡原理认为，食品高压处理过程中，压力以同一数值沿各个方向传递到介质流体中所有流体质点，使得食品受压均匀，压力传递速度极快，与食品的形状和体积无关，且不存在压力梯度。勒夏特勒原理是指感应平衡将朝着减小施加于系统的外部作用力影响的方向进行，即超高压处理会使食品成分中发生的理化感应向着最大压缩状态的方向进行。

超高压食品加工技术的最大特点是纯物理过程，瞬间将压力均匀地传到食品的中心，操作安全、耗能低、无"三废"污染，有利于生态环境可持续发展。超高压技术是在常温或较低的温度下进行，不会对食品产生热损伤，而且只破坏形成大分子立体结构的非共价键（氢键、离子键、疏水键和水合作用等），而对形成小分子物质（如色素、维生素等）的共价键几乎没有影响，同时能够激活或灭活食品中自身存在的酶，提高食品品质。因此，超高压处理既可以保留天然风味、色泽以及原有的营养价值，又可以杀死微生物、钝化酶，延长食品的货架期。超高压处理技术与传统热处理技术相比较，其特点如下：

一是能在常温或较低温度下达到杀菌、灭酶的作用。与传统的热处理相比，其减少了由于高热处理引起的食品营养成分和色、香、味的损失或劣化。

二是由于传压速度快、均匀，不存在压力梯度。超高压处理不受食品的大小和形状的影响，处理过程较为简单。

三是耗能较少。处理过程中只需要在升压阶段以液压式高压泵加压，恒压和降压阶段则不需要输入能量。

四、杀菌作用的基本原理

（一）场的作用

脉冲电场产生磁场这种脉冲电场和脉冲磁场交替作用，使细胞膜透性增加，振荡加剧，膜强度减弱，因而膜被破坏，膜内物质容易流出，膜外物质容易渗入，细胞膜的保护作用减弱甚至消失。

（二）电离作用

电极附近物质电离产生的阴、阳离子与膜内生命物质作用，因而阻断了膜内正常生化感应和新陈代谢过程等的进行。同时，液体介质电离产生臭氧的强烈氧化作用，能与细胞内物质发生一系列感应。通过以上两种作用的联合进行，杀死菌体。

五、超高压技术的应用

（一）在酒类产品加工中的应用

超高压技术可用于酒的生产，生酒（生啤酒、生果酒等）经约 400 MPa 的超高压处理，将酒中的所有酵母菌及其他部分菌类杀死，从而得到可以长期保存的超高压生酒产品。超高压技术用于催陈黄酒的研究表明，黄酒经高压处理后的色泽和风味不变，酸度基本不变，挥发酯含量提高 20% 左右，呈苦、涩味的氨基酸比例下降，呈甜、鲜味的氨基酸比例上升，使得黄酒味更加鲜甜、醇和、爽口，醇香更加浓郁。

（二）在肉制品加工中的应用

在常温下，对肉制品进行超高压灭菌，革兰氏阴性细菌和酵母菌在 400 MPa 左右的压力下基本灭活，革兰氏阳性细菌则需 600 MPa 压力可基本灭活，但孢子类细菌较难灭菌。对猪肉和牛肉进行 400 Mpa、20 min 的超高压处理，发现它们的嫩度、风味、色泽及成熟度方面均得到改善。

超高压技术应用于肉制品主要包括改善食肉口感、灭菌、解冻等方面。相关研究发现，150 MPa 以上超高压处理能促进肌原纤维小片化，促使肌肉蛋白分解加速，游离氨基酸增加，使食肉嫩化，提高保水性，促进熟成。在灭菌方面，大森丘报道，300 MPa 以上对肉制品常见腐败菌大肠杆菌、弯曲杆菌、绿脓菌、沙门氏菌以及耶尔森菌等灭菌效果显著，但对微球菌、葡萄糖球菌、肠球菌等需更高的压力，400 MPa 以上才开始减少，600 MPa 以上方可杀灭。有关肉制品解冻的研究发现，5 ℃以下水作解冻热媒体，压力以 100～150 MPa 为佳，与常压解冻相比，不仅实现了快速解冻，且汁液流失减少，肉色鲜艳、柔嫩，表里均一，有效地提高了解冻肉的品质。

（三）在果蔬产品加工中的应用

超高压技术在食品工业中最成功的应用就是用于果蔬产品的灭菌。在生产果酱中，采用超高压技术不仅可以杀死使水果中的微生物，还可简化生产工艺，提高产品品质。采用室温下以 400～600 MPa 的压力对软包装果酱处理 10～30 min，所得产品具有良好的新鲜口味、颜色。

（四）在乳制品加工中的应用

在乳制品加工中，超高压技术主要用来灭活微生物，而不破坏乳制品的营养成分，其原理是利用核酸、蛋白质、多糖等生物大分子或细胞膜受超高压的影响结构发生改变，影响微生物的生命活动而停止，从而达到杀菌或钝化酶的目的。与传统的热处理方法相比，超高压处理不会破坏牛乳中的热敏性成分，而且能够改善乳制品的品质，促进酪蛋白的消化吸收。赵光远 等研究发现，牛乳杀菌效果取决于处理压力的高低和保压时间的长短，压力越高，对牛乳的杀菌效果越好。肖杨 等研究表明，在 500 MPa 处理 5～15 min 后，牛乳中的大肠菌群、霉菌、酵母等几乎全被杀死，而且保压时间越长，牛乳的杀菌效果越好。另外，超高压处理乳制品杀菌，因微生物种类和试验条件不同而有所差异。一般而言，细菌、霉菌、酵母营养体在 300～400 MPa 压力下可被杀死；病毒稍低压力即可失活；芽孢杆菌属的芽孢对压力比本身营养体更具抵抗力，需要更高压力才会被杀灭。类似加热杀菌中出现的低温长时、高温短时和超高温瞬时杀菌，超高压杀菌也分为低压长时、高压短时和超高压瞬时杀菌，即压力越高，处理所需时间越短。

（五）在水产品加工中的应用

水产品加工不同于其他食品，不仅要求保持水产品原有的风味、色泽，还要具有良好的口感和质地。常规加热处理不能满足水产品加工的要求。采用超高压技术对水产品加工处理可保持产品原有的色、香、味。同时，超高压处理还可增大鱼肉的凝胶性。

（六）在其他方面的应用

超高压在速冻、高压解冻和不冻冷藏方面也有良好的应用。蔬菜、水果、豆腐等水分含量多的食品在冻结时，会产生很大的冷冻损伤，解冻后汁液流失严重，给产品风味带来不良影响。这是因为一般的冻结是在常压下进行的，食品中的水分在冻结时体积膨胀，从而产生凝胶和组织破坏。利用高压条件下冰点下降和压力瞬间传递的原理可实现食品物料的快速冷冻，避免了物料组织的变性和破坏，真正实现了速冻。

六、超高压技术对食品的影响

（一）超高压技术对食品中蛋白质和酶的影响

压力对蛋白质的影响是超高压研究中的一个重要组成部分。超高压作用下蛋白质的分子体积被压缩变小，改变分子非共价键，引起蛋白质的解聚、分子结构伸展等变化，从而影响蛋白质的溶解性、乳化性、凝胶性、起泡性等性质。低于 800 MPa 的压力会造成蛋白质分子的空间结构改变，其中四级结构最为敏感，三级结构次之，二级结构则改变较小；高于 800 MPa，蛋白质分子的一级结构也会受到影响。

超高压可以破坏维持蛋白质三级结构的盐键、疏水键以及氢键等各种次级键，导致空间结构崩溃，发生变性，而三级结构是酶活性中心的基础，因此超高压对酶蛋白的构象的改变或破坏会影响酶的活性。研究表明，超高压对酶活性的影响分为两个方面：一方面，较低的压力会破坏完整组织中酶与基质的膜隔离，增加酶与基质的接触面积，提高酶的活性；另一方面，较高的压力导致三级结构崩溃时，酶的活性中心丧失或氨基酸组成发生改变，进而改变酶的催化活性。食品中常见的酶对压力的耐受性从小到大依次为脂肪氧化酶、乳过氧化物酶、果胶酯酶、脂酶、过氧化氢酶、多酚氧化酶、过氧化物酶。赵光远 等的研究表明，压力为 400 MPa 时，激活了多酚氧化酶，当压力高于 600 MPa，多酚氧化酶失去活性。袁根良 等研究了超高压对香蕉果肉多酚氧化酶和过氧化物酶的残存率的影响，结果表明，55 ℃、480 MPa 保压 10 min 时，它们的残存率分别达到 0.90% 和 3.26%。

（二）超高压技术对食品组织结构的影响

超高压技术对食品组织结构的影响主要表现为食品中蛋白质和细胞结构的变化。杨慧娟等报道鸭胸肉及腿肉经超高压处理，肌肉纤维组织内肌动蛋白和肌球蛋白的结合解离，造成肌肉剪切力的下降，可以提高肉的嫩度。对于水产品，超高压处理可引起蛋白质体积变小，形成立体结构的各种键切断或重新形成，结果产生了变性，肉组织变得白浊、不透明，发生凝胶化和组织化。另外，超高压也可以改变植物细胞的通透性，使细胞内的代谢物和水分流到细胞外，进而引起化学感应，影响食品的品质。Tangwongchai et al. 研究超高压处理对番茄组织结构的影响，发现 200 MPa 压力几乎没有影响番茄的结构，随着压力升高，300 MPa 压力下，细胞间会截留一些气泡，500 MPa 和 600 MPa 时，截留气泡消失，但细胞间的空间变大。

（三）超高压技术对食品中营养成分的影响

食品中的营养成分通常包括糖类、脂类、有机酸、维生素以及少量的蛋白质和氨基酸、矿物质、膳食纤维等。超高压技术对食品营养成分的影响主要依赖自身营养成分的性质，前人研究发现超高压一般对食品中各组分分子间的非共价键起作用，所以超高压处理对食品中寡糖、有机酸、维生素、氨基酸和矿物质等的影响较小。一些研究认为，超高压对脂类的影响是可逆的。陈迎春 等指出脂类的耐压能力较低，通常100 ~ 200 MPa 即可使其固化，但解除压力后仍能复原，只是对油脂的氧化有一定的影响。Doblado et al. 在室温下，运用超高压技术（300 MPa、400 MPa、500 MPa，保压 15 min）处理发芽 4 d 和 6 d 的豇豆种子，结果表明，维生素 C 含量分别达到 23.3 mg/100g 和 25.2 mg/100g（干重），分别降低了 10% ~ 28% 和 9% ~ 14%。

（四）超高压技术对食品中微生物的影响

超高压技术对食品中微生物的影响主要表现为改变微生物细胞形态、结构、代谢感应及遗传等方面。极高的流体静压会影响细胞的形态和结构。有学者利用电子显微镜观察发现，30 ~ 40 MPa 压力下，假单胞菌菌株的细胞外形变长、细胞壁变厚且质壁分离、细胞膜消失及细胞质出现明显的网状区域、核糖体数量减少、细胞分裂减慢等变化。与化学感应不同的是，生物体内所有的代谢感应都需要催化剂酶的参加；超高压可以引起酶分子结构或活性中心构象的改变，影响酶的活性，进而影响微生物的代谢感应。

七、超高压技术存在的问题

超高压技术利用的是帕斯卡定律，因此对于不适合这一定律的干燥食品、粉状或粒状食品，不能采用超高压处理技术；由于超高压下食物的体积会缩小，故只能用软材料包装；一些产芽孢的细菌，特别是低酸性食品中的肉毒梭菌，需要的压力更高。

与热加工相比，超高压技术能够在加工时间相同的情况下最大限度地将食品中蛋白质、维生素等营养物质保留下来。但超高压技术仍存在着许多的不足之处，如超高压设备的生产费用昂贵、产能不高、能耗高、缺乏相关标准规范超高压食品加工指标、超高压设备技术难度相对较高等问题。因此，优化超高压设备结构装置、提高生产效率、降低设备生产成本，是未来超高压设备服务食品工业优质发展的必经之路。

第三节　栅栏技术

一、栅栏技术概述

已知的防腐方法根据其防腐原理归结为高温处理（H）、低温冷藏或冻结（t）、降低水分活性（Aw）、酸化（pH）、降低氧化还原值（Eh）和添加防腐剂（Pres）等几种，即可归结为少数几个因子。我们把存在于肉制品中的这些起控制作用的因子，称作栅栏因子（hurdle factor）。栅栏因子共同防腐作用的内在统一，称作栅栏技术（hurdle technology）。

在实际生产中，人们可以将不同的栅栏因子科学合理地组合起来，发挥其协同作用，从不同的侧面抑制引起食品腐败的微生物，形成对微生物的多靶攻击，从而改善食品质量，保证食品的卫生安全性。

二、栅栏技术的应用

栅栏技术与传统方法或高新技术相结合的有效性，使其已经广泛应用于各类食品的加工与保藏中。

（一）栅栏技术在保鲜肉中的应用

长久以来，鲜肉保鲜常用冷冻法，能较好地解决鲜肉在贮运、加工、销售过程中微生物污染、腐败变质的问题。但冷冻法不仅成本高，且影响了鲜肉的品质。故目前通过使用低耗能、无污染、抑菌效果好的栅栏因子，达到在非冷冻条件下保藏鲜肉成了研究热点。茶多酚是肉品保鲜中常用的栅栏因子，是一种很好的天然防腐剂和抗氧化剂，具有供氢、抑制脂肪氧化变质的性能。0.6%的茶多酚溶液浸泡鲜鱼肉，贮存期可长达2个月之久，对猪肉更有良好的保鲜效果。

（二）栅栏技术在肉制品加工中的应用

在肉制品方面，人们可以利用不同栅栏因子的抑菌作用来保证产品的稳定、安全。现将肉制品中几种主要的栅栏因子简介如下：

1. 高温处理（H）

高温处理是十分可靠的肉制品保藏方法之一。高温处理就是利用高温杀死微生物。从肉制品保藏的角度，高温处理指的是两个温度范畴，即杀菌和灭菌。

（1）杀菌。杀菌是指将肉制品的中心温度加热到 $65 \sim 75$ ℃的热处理操作。在此温度下，肉制品内的酶类和微生物均被灭活或杀死，但细菌的芽孢仍然存活。因此，杀菌处理应与产后的冷藏相结合，同时要避免肉制品的二次污染。

（2）灭菌。灭菌是指肉制品的中心温度超过 100 ℃的热处理操作。其目的在于杀死细菌的芽孢，以确保产品在流通温度下有较长的保质期。但经灭菌处理的肉制品中，仍存有一些耐高温的芽孢，只是量少并处于抑制状态。在偶然的情况下，经一定时间，仍有芽孢增殖导致肉制品腐败变质的可能。因此，应对灭菌之后的保存条件予以重视。灭菌的时间和温度应视肉制品的种类及其微生物的抗热性和污染程度而定。

2. 低温冷藏或冻结（t）

低温保藏环境温度是控制肉类制品腐败变质的有效措施之一。低温可以抑制微生物生长繁殖的代谢活动，降低酶的活性和肉制品内化学感应的速度，延长肉制品的保藏期。但温度过低，会破坏一些肉制品的组织或引起其他损伤，而且耗能较多。因此，在选择低温保藏温度时，应从肉制品的种类和经济两方面来考虑。

肉制品的低温保藏包括冷藏和冻藏。其中，冷藏是将新鲜肉品保存在其冰点以上但接近冰点的温度，通常为 $-1 \sim 7$ ℃。此温度下可最大限度地保持肉品的新鲜度，但由于部分微生物仍可以生长繁殖，因此冷藏的肉品只能短期保存。另外，由于温度对嗜温菌和嗜冷菌的延滞生长期和世代时间影响不同，故在这两类微生物的混合群体中，低温可以起重要的选择作用，引起肉品加工和储藏中微生物群体构成改变，使嗜温菌的比例下降。例如，在同样的温度下，热带加工的牛肉就较寒带加工的牛肉保质期长，这主要是因为前者污染菌多为嗜温菌而后者多为嗜冷菌。

3. 降低水分活性（Aw）

水分活性是肉制品中的水的蒸汽压与相同温度下纯水的蒸汽压之比。当环境中的水分活性值较低时，微生物需要消耗更多的能量才能从基质中吸取水分。基质中的水分活性值降低至一定程度，微生物就不能生长。一般而言，除嗜盐性细菌（其生长最低 Aw 值为 0.75）、某些球菌（如金黄色葡萄球菌，Aw 值为 0.86）以外，大部分细菌生长的最低 Aw 均大于 0.94 且最适 Aw 均在 0.995 以上；酵母菌为中性菌，最低生长 Aw 在 0.88 ～ 0.94；霉菌生长的最低 Aw 为 0.74 ～ 0.94，若 Aw 在 0.64 以下，则任何霉菌都不能生长。

（三）栅栏技术应用于水产品保鲜技术开发

作为食品中的一员，水产品营养素分布均衡，但品质极不稳定，容易腐败变质。体表微生物和水产品体内固有的酶是造成这一现象的主要原因，其中影响最大的是微生物。渔获前的鲜活水产品，其肌肉、内脏、体液无菌，但由于皮肤、鳃等部位与海水（或养殖水体）直接接触，导致渔获后的水产品含多种微生物。另外，渔获后的水产品的生存环境发生变化，特别是海洋渔汛和海淡水养殖产品收获季节，鱼货集中，极易因保存不及时而腐败变质，产生质量安全事故的风险较大。

在众多栅栏因子中，生物保鲜剂安全、健康、高效，成为关注焦点。有分析认为，在水产品储藏中，生物保鲜剂与低温协同作用可以解决"低温只能抑制水产品中的微生物引起的腐败变质，而对于酶引发的水产品的变质抑制不足问题"，可以有效"阻止氧化感应，清除自由基，阻断自由基链式感应，防止水产品不饱和脂肪酸的氧化"。但该研究多以实验室方式呈现，少有投入使用。实际生活中，水产品仍以单一栅栏因子——低温贮藏为主，具体体现于冷链物流。涉及的低温保鲜技术有冷藏、冰藏、冰温、微冻、冻藏多种。

三、栅栏技术与微生物控制

控制鲜切果蔬的微生物污染最重要的是要打破微生物的内平衡。微生物的内平衡是指在正常状态下微生物内部环境的稳定和统一，并具有一定的自我调节能力。当外界环境发生变化时，微生物通过内平衡机制抵抗外界的压力。例如，微生物的生长需要其内部 pH 维持在一个较窄的范围内，如果偏离了最适 pH 会使微生物的生长减慢、停止甚至死亡。通过加酸来降低环境 pH 时，微生物会通过 pH 内平衡机制阻止质子进入细胞内部，这一过程需要消耗能量，而当微生物无法产生足够的能量阻止质子进入时，内部的 pH 会降低，导致微生物的生长停止甚至死亡。

应用栅栏技术控制鲜切果蔬微生物污染的关键是要确保致使微生物新陈代谢的能量耗尽。当栅栏因子作用于微生物时，一方面会促使其合成有助于抵抗不利环境的抗应激蛋白，使得微生物的抵抗能力增强，从而阻碍栅栏技术对微生物污染的控制；另一方面抗应激蛋白合成基因的激活需要消耗能量，当多种栅栏因子同时作用于微生物时，需要消耗大量能量来合成抗应激蛋白，这样会促使微生物能量消耗殆尽而死亡。通常，作用微生物不同靶器官的栅栏组合 (如细胞膜、DNA 或酶系统) 要比作用同一靶器官的栅栏组合 (栅栏的累积效应) 更能有效抑制微生物的生长，栅栏因子针对微生物细胞中的不同目标进行攻击，这样就可以从多方面打破微生物的内平衡，发挥栅栏因子的协同作用。此外，不同类型、不同强度非致死栅栏因子的联合作用比单一高强度的栅栏因子更有效。将不同类型的非致死栅栏作用于微生物细胞，能够增加其能量的消耗，致使用于维持生长所需的能量转移到维持内平衡中，从而使微生物代谢能量耗尽，最终导致死亡。而采用单一的高强度栅栏因子作用时会阻止内平衡机制的启动，因此不会使微生物的代谢能量耗尽，并且存活下来的微生物细胞耐受能力会提高。

四、展望

目前，栅栏技术在很多国家都得到了广泛应用，这种技术可以通过栅栏因子的选择和控制，使食品在 1 个参数下保持到最佳状态，获得对微生物的最大杀伤力。现在食品工业中对栅栏技术的应用，通常是将栅栏技术与其他新型食品加工或杀菌技术相结合，如控释抗菌包装技术、脉冲电场技术、电激活技术等，能够达到良好的杀菌保鲜效果。栅栏技术是一门融传统方法和新技术为一体的综合技术，但目前只局限于分析特定产品，要想实际主动运用，就要有丰富的实践经验、扎实的理论基础以及现代化的加工和管理技术与实施设备为支持。因此，企业在应用栅栏技术时可以引入 HACCP 体系，将 HACCP 体系与栅栏技术相结合，不仅能大幅降低企业管理成本，有效发挥监管作用，还能够在选择栅栏因子时有据可依，从而预防、降低甚至消除对产品质量造成的不利影响。

第十章　食品的化学保藏

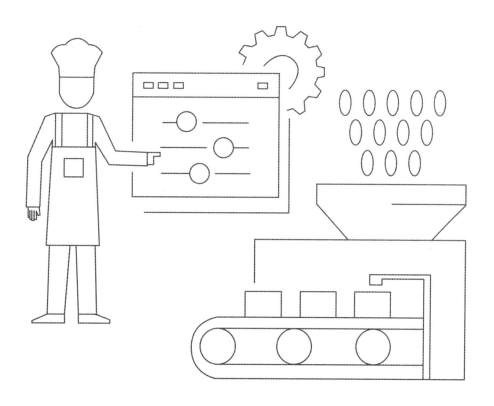

第一节　食品腌制

一、食品腌制概述

食品腌制的方法十分多样，都是围绕着脱水、隔氧、加味三大原则进行的。食品腌制方法的发现，扩大了食品收藏的范围，延长了食品收藏的时间。

（一）食品腌制的方法

1. 酸菜制作方法

（1）水泡酸菜法。将蔬菜晾干水，当蔬菜还是新鲜状态时，将蔬菜放进干净的容器内，然后将滚烫的开水倒入容器内，再用重物将蔬菜全部压在水下，两天后，将蔬菜提出就可以食用了。这是快速腌制酸菜的方法，其优点是简便、快速，缺点是酸菜营养成分流失严重，不能保存，只能一次性食用。

（2）盐水浸泡酸菜法。将新鲜蔬菜放入一个容器内，在蔬菜上面适当撒上一些盐，然后放上一层蔬菜，再撒上一层盐，如此反复，直到容器装满，然后在蔬菜上面压上木板，在木板上面加石块压住。随着时间的延长，蔬菜慢慢被压实，蔬菜内的水分慢慢被挤出来，蔬菜沉入盐水中，与空气隔开，便不会腐烂了。人们需要食用时随时提取。这种方法的缺点是酸菜营养成分流失严重，不能久放。

（3）盘口坛腌制酸菜法。把蔬菜洗净、晒干、切碎，然后用盐揉搓晒干的蔬菜，待搓匀后，把它装入干净的盘口坛中，压实，盖上坛盖，再向盘口坛的口槽内倒入一些水，这样就把坛内与坛外完全隔开，在坛内的酸菜就能够保持长期不坏。需要食用时，随时揭开盖子，取出酸菜即可。注意保持盘口槽内的水不要干涸，这样既能保持酸菜的营养成分，又能使酸菜久放不坏。

（4）盘口坛炮制酸菜法。将盘口坛洗净、晾干，烧开一壶水，待水凉透后，在水内放入适量的食盐、米糖、生姜、干辣椒、高度白酒等，制成料水，然后倒入坛内，盖上盖子，在盘口槽内倒上清水，使坛内坛外完全隔开，让料水在坛内闷两天，就可以将洗净了的、晾干水的新鲜蔬菜放入坛内泡制。炮制的时间长短视蔬菜的种类而定，萝卜需要 2 d 左右，辣椒则需要 3 ～ 4 d。

料水保持得好，可以经久不坏，一直炮制下去。判断料水好坏的标准是料水有没有臭味：有，则坏了；不臭、水清，在这样的料水中炮制的酸菜口感好。有时，料水表面有一层白色的水垢。如果仅有一点点，并没有关系，多了就会使料水变质。为了控制料水不变质，使白色水垢消失，可以适当在料水中加适量的高度白酒。泡菜放多了，也可以在料水中适当加入一定的食盐。

（5）倒扑坛口腌制法。有些地方不使用盘口坛也可以腌制酸菜，并且腌制得很好。其具体做法是将洗净的蔬菜晒干、切碎、撒上食盐，进行搓揉，搓匀后将蔬菜中的水分拧干，然后把蔬菜放入干净的小口坛内，压实，再用干净的多层厚纸将坛口封住。但是，纸难以完全封住坛口，坛外的空气多少都会进入一些，这样就容易使坛内的酸菜腐烂、变质。通过长期的腌制实践，人们总结出一个行之有效的办法，那就是将装满酸菜、用纸封住坛口的坛子倒过来，将坛口朝下，坛底朝上，让坛内的酸菜顶住坛口的封纸。如此一来，坛外的空气进不到坛内，坛内的酸菜就不易腐烂、变质。需要食用时，随时提取。

（6）蒸晒结合法。其具体制作方法是先将新鲜蔬菜洗净，然后放在太阳下晒 3 d，使菜叶蔫卷，再切碎，撒上适当食盐搓揉，将菜中的水分拧掉，然后放入陶罐内压实，密闭，一周后取出晒干，然后使用蒸笼熏蒸，蒸后再晒，晒后又蒸，如此反复达，有的地方称"三蒸三晒"。这种酸干菜乌黑油亮，味道香甜鲜美，还略带一些酸味。

2. 腊八豆制作方法

传统的腊八豆是在腊月初八做的，因为人们发现只有此时做腊八豆才能成功。用科学的语言解释，就是由于天气寒冷，酵母菌、霉菌等不易繁殖，只有人为地创造符合腊八豆发酵的环境，抑制腐烂霉菌繁殖的环境，才能做出合格的腊八豆，其具体制法如下：

将黄豆洗净，用清水泡一昼夜，捞出，加水下锅，水要淹过黄豆，用大火煮开，再用小火煮烂，直至用手一捏黄豆就成泥状即可。然后将黄豆从锅中捞出，摊开、放凉，将黄豆放进布袋内，再把布袋放在一个容器里，四周用稻草或棉絮将容器围住保温。在煮豆水中适当放一点食盐，保存备用。让黄豆在袋中发酵，之后取出摊凉，装在器皿里，加入原来的煮豆水，再添加适量的食盐、花椒、辣椒粉、生姜末、烧酒等一起拌匀。拌时如咸味不够，可以添加些食盐，亦可添加一点烧酒，以增加香味。最后把拌匀的黄豆装入盘口坛内，盖上盖子，以清水封住坛口，10 d 后即可随取随食，注意不要让封口的清水干涸，否则就达不到封住坛口的目的，腊八豆就会霉坏。

3. 腊肉制作方法

腌制腊肉的第一步是将"腌制"腊肉的食盐、花椒、五香粉、八角粒等放在铁锅内炒熟，然后将它们一起均匀地涂抹在肉身上，放在陶缸内腌渍，目的是让盐、香料与肉充分融合、浸透。食盐是为了使肉脱水，防止肉腐烂变质；香料是为了除去肉的腥味，提振肉的香气。4～5 d 后，将肉一块块取出，挂于太阳下或阴凉处通风晾干，除去肉中的水分，使肉不易霉坏。由于冬天，特别是西南的云贵川地区寒冷、多雨，人们常常把腊肉挂在有火塘的地方烤干。为了使腊肉在春季到来的时候不会霉坏，人们会把腊肉切成片状或块状，然后把它放入盘口罐内，并在罐口与罐盖之间倒入清水，使罐内的腊肉与罐外的空气隔开，罐内的腊肉不会受到腐烂霉菌的侵蚀，这样既能保持腊肉的美味，又能经久不坏。类似的肉类，如腊鱼、腊鸡、腊鸭等都是采用这样的方法腌制的。

4.果酱制作方法

以山楂果酱为例，先将山楂洗净、去皮，按照一定的比例，将山楂和水倒入锅里，大火煮开以后，转小火熬煮。当山楂煮至软烂的时候，根据自己喜好的甜度，倒入适量的白糖，同时加入少许食盐，以稍有咸味为准，然后不停搅拌，以防煳锅，注意要用小火。最后，当山楂煮至黏稠状态，盛出晾凉便是山楂果酱。如果将果酱平铺在纱布上晒成柔韧程度，再切成块状，就成为果酱干。为了保持山楂果酱、果酱干不发生霉坏，人们会将它放入盘口坛内，盖上盖子，并在坛口与坛盖之间倒入清水，使坛内的果酱与坛外的空气隔开，如此坛内的果酱或果酱干就不会受到腐烂霉菌的侵蚀，这样既能随时取出果酱，又能经久不坏。类似的果酱，如苹果酱、桃子酱、梨子酱、西红柿酱等都是采用这样的方法制成的。

5.果干制作方法

以杨梅干为例，先将杨梅洗净、晾干，然后撒上适量的食盐，拌匀，放在瓷缸里腌渍数小时，舀出、铺开，放在太阳下曝晒 3 ～ 5 d，杨梅干将变成黑褐色，尚有韧性即可。此时的杨梅干既有酸甜味，又有淡淡的香味和咸味。为了使杨梅干经久不坏，人们把它放入盘口坛内，并在坛口与坛盖之间倒入清水，使坛内的杨梅干与坛外的空气隔开，坛内的杨梅干不会受到腐烂霉菌的侵蚀，这样既能保持杨梅干柔韧的口感，又能经久不坏。采用类似的方法亦可以制成其他果干，如草莓干、山楂干、苹果干、桃子干、梨子干等。只是果品不同，加工方法略有变化，有的需除皮、除核，有的可以不放食盐。

（二）食品腌制的原则

（1）脱水原则，即把食品中的水分减少。腐烂病菌的生存环境有三个，即常温、有水分和有氧气。如果改变其中的一个环境，腐烂病菌就可能得到控制。在传统农业社会里，人们做不到改变常温环境，只能在减少食品的水分和食品隔氧方面下功夫。人们在长期的生活实践过程中发现，食品的脱水程度与腐烂速度成反比，因此人们采取晾晒、蒸熏、挤压等办法使食品脱水，目的就是保存。

（2）隔氧原则，即把腌制的食品与空气隔开。食品处在缺氧的状态下，腐烂病菌难以滋生，从而达到保存食品的目的。在传统农业社会里，人们熟练地采取清水封口法、倒扑坛口法、水浸蔬菜法等多种办法把腌制食品与氧气隔开，从而达到保存的目的。

（3）加味原则，即在食品中加入调味品。调味品的作用有两个，一是使其增加抵御腐烂病菌的能力，二是使酸菜口味更加鲜美。常见调味品有食盐、辣椒粉、烧酒等。根据各地饮食需要，可以添加不同的调味品，从而使腌制食品各具特色。

二、食品腌制保存的原理

食品腌制保存的原理是利用食盐的渗透、扩散、发色、发酵、分解等一系列生物化学作用，抑制有害微生物的活动，增加产品的色香味。其变化过程比较复杂且比较缓慢。

（一）渗透

渗透是两种浓度不同的溶液在半渗透膜隔开的条件下，较稀溶液中的溶剂，通过膜的微孔，进入较浓溶液的现象。鱼、肉、果、蔬等任何细胞都有半渗透性的细胞膜，当经受食盐腌制，而且细胞膜内液体的浓度低于膜外食盐水的浓度时，膜内的水就会不断向外渗出，食物的体积缩小且组织变软，同时食物的水分活度降低，保藏性提高。微生物的细胞是由外层细胞壁、紧贴在壁上的细胞膜以及细胞质、细胞核组成的，其细胞膜是半渗透的。渗透性取决于微生物的种类、菌龄、细胞质成分以及环境的温度和 pH 等因素。在腌渍食品的同时，微生物细胞内的水同样通过细胞膜向外渗透，因而活性被抑制甚至丧失。此外，食盐的钠离子和氯离子达到一定浓度时，微生物中有一类嗜盐菌，如盐杆菌属、盐球菌属，仍能在高浓度的食盐溶液中生长，不过这一类的微生物极少。食糖对食品的保藏作用主要是由于糖液的高渗透压使食物脱水，降低了食物的水分活度，抑制了微生物的生长。

（二）扩散

扩散是因分子或原子的热力运动而产生的物质迁移现象，主要由温度差或浓度差引起。分子迁移时，从浓度较高的区域向浓度较低的部分扩散，逐渐进入食物的组织内部，最终使食物成为腌制品。扩散的快慢随着溶液的浓度差、黏度和温度等因素而变化。

（三）发色

新鲜肉中的红色素高铁肌红蛋白一经加热就变成深褐色，影响外观，硝酸盐却能使腌肉在加热以后呈鲜红色。硝酸盐对肉毒梭状芽孢杆菌有抑制作用，并能赋予肉制品以独特的风味。因此，尽管已知亚硝酸盐经还原等感应会产生亚硝胺（强致癌物质），但硝酸盐仍在使用，只是其用量受到限制。

（四）发酵

黄瓜、结球甘蓝、萝卜、薤头、豇豆、花椰菜、青番茄等很多蔬菜可通过发酵制成酸菜。成品可以散装直接出售，也可用玻璃罐或塑料袋包装并杀菌，以延长其保藏期。在蔬菜腌渍的过程中，由微生物引起的正常发酵作用，不但能抑制有害微生物的活动而起到防腐作用，还能使制品产生酸味和香味。这些发酵作用以乳酸发酵为主，辅以轻度的酒精发酵和醋酸发酵，相应地生成乳酸、酒精和醋酸。

发酵过程中必须严格控制盐水浓度、温度、pH 等因素，以获得优良的成品。以生产酸渍结球甘蓝为例，如甘蓝含糖 3.5%，食盐用量为甘蓝重量的 2.25%，温度为 25 ℃。在腌制之初，肠膜明串珠菌起作用，经过两天，产酸 0.7 ～ 1.0%，并有酸菜香味。这时，肠膜明串珠菌逐渐死亡，但植物乳杆菌和短乳杆菌生长。到第五天，酸度达到 1.5 ～ 2.0%（一般酸度为甘蓝糖分的一半），这两种乳酸菌又相继死亡。整个主发酵过程约需一星期，代谢产物有乳酸、醋酸、醇类、酯类和其他芳香物质。如果发酵开始的温度过高或过低，不适合肠膜明串珠菌的生长，就不能为两种乳酸菌提供良好繁殖条件，整个发酵过程就会有很大变化。

（1）乳酸发酵。乳酸发酵是乳酸细菌利用单糖或双糖作为基质积累乳酸的过程。它是发酵性腌制品腌渍过程中最主要的发酵作用。

（2）酒精发酵。酒精发酵是酵母菌将蔬菜中的糖分解成酒精和二氧化碳。

（3）醋酸发酵。在蔬菜腌制过程中还有微量醋酸形成。

（五）分解

在腌制和后熟期中，蔬菜所含的蛋白质受微生物的作用和本身所含的蛋白质水解酶的作用而逐渐被分解为氨基酸，氨基酸本身就具有一定的鲜味和甜味，且其还可以进一步与其他化合物起作用，形成更为复杂的产物。蔬菜腌制品的色素、香气和鲜味的形成都与氨基酸有关。

1. 鲜味的产生

蛋白质水解生成的各种氨基酸具有一定的风味。蔬菜腌制品鲜味的主要来源是由谷氨酸与食盐作用生成谷氨酸钠。

2. 香气的产生

蛋白质水解生成氨基丙酸与酒精发酵产生的酒精作用，失去一分子水，生成的酯类物质芳香更浓。氨基酸种类不同，所生成的香质不同，香味也各不相同。

3. 色泽的产生

蔬菜腌制品在发酵后熟期，蛋白质水解产生酪氨酸，在酪氨酸酶的作用下，经过一系列感应，生成一种深黄褐色或黑褐色的物质，称为黑色素，使腌制品具有光泽。腌制品的后熟时间越长，则黑色素形成越多。

这些变化在蔬菜腌制和后熟中是十分重要的，是腌制品色、香、味的主要来源，但其变化是缓慢而复杂的。另外，咸菜类装坛后在其发酵后熟的过程中，叶绿素消退后也会逐渐变成黄褐色或黑褐色。

三、食品腌制评价

（一）腌制食品是人类收藏有别于动物收藏的标志

一些动物具有收藏食物的能力，这是事实。人类收藏与动物收藏有什么区别呢？这个问题是值得我们重视和关注的。动物是依靠本能去收藏食物的，当深秋季节，冬天就要来临之时，一些动物会忙于收藏食物。例如，老鼠会把食物运入洞穴中，为了防止食物霉坏，老鼠还会选择地势比较高的地方做洞穴，而且把食物藏在洞穴的中部、不易浸水的地方。有经验的人都知道，当挖到一个老鼠洞时，洞里的食物基本是干燥的，说明老鼠懂得收藏食物的道理。人类早年收藏食物，把食物晒干、使用罐等器皿保存，这些程序尽管比老鼠收藏食物要复杂得多，但是两者实质上没有根本区别，都是遵循着一个规律，即收藏干燥的食物。

老鼠对于含水分比较多的水果、蔬菜、肉类等食品，没有办法收藏，要么把它吃掉，要么眼睁睁地看着它烂掉。人类掌握了腌制技术之后，能够把含水分较多的蔬菜、水果、肉类等食品腌制保存起来，不让它们烂掉。人类扩大了食物收藏的范围，延长了食物收藏的时间。如果说动物的收藏是被动收藏，是依靠本能去适应自然的收藏，那么人类的收藏则是主动收藏，是在掌握自然规律的基础上，创造条件的收藏，这就是人类收藏有别于动物收藏的标志。

（二）食品腌制技术保证了中华民族在生存和发展过程中的食物基础

为了适应四季气候变化，在长期的进化过程中，植物形成了自己的枯盛期。为了适应食物多少的变化，在长期的进化过程中，有的动物在食物多的季节多吃多喝，在食物少的季节不吃不喝进入冬眠状态；有的动物具有收藏食物留待冬季食用的能力，但是，由于可以长时间保存的食物种类不多，所以这些动物在冬季只能维持基本生存，难以像在食物丰富的季节里那样迅速繁殖、正常发展。人类是从动物之中分化出来的高等动物，具有比动物更高的智慧。但是，人类在没有解决收藏丰富的食物问题之前，也只有与某些具有收藏食物能力的动物一样，在冬天依靠简单的几种食物生存。有时由于缺乏必要的营养成分，人类的健康和生存也会受到威胁。

为了解决冬季食物问题，人类经历了漫长的摸索阶段，哪一个民族解决了冬季食物问题，哪一个民族繁殖得就快，就能不间断地正常发展。在农耕时代，解决收藏丰富食物问题的标志就是腌制技术的掌握。中华民族是世界上最早掌握腌制食物的民族，能够在冬季保存大量的蔬菜、水果和肉类等食品，使整个民族在一年四季都能摄取多种营养，不出现食物中断，满足了整个民族在生存、繁衍和发展过程中的营养需要。

中国民间有"春种夏锄，秋收冬藏"的谚语。这说明人们知道，只有通过辛勤耕作，才能获得丰收；只有通过收藏和腌制，才能够满足自身一年四季营养均衡的需要。春秋时期政治家管仲曾说："仓廪实而知礼节，衣食足而知荣辱。"正是由于中华民族自古以来就比较好地解决了食物这个基础性的问题，才使得中国文明程度在古代一直走在世界各国的前列。

（三）腌制食品的传统养成了中华民族沉稳、平和的理性性格

我国古代的人们很早就学会了腌制食物。当丰收季节来临之时，能够把含水分很多的食物腌制收藏起来。当洪水滔天、汪洋一片时，当烈日炎炎、赤地千里时，当寒冬腊月、白雪皑皑时，人民不担心食物匮乏，仍可以过正常的生活。时至今日，在中国广大农村仍有未雨绸缪的生活习惯。在冬天来临之际，北方的农民会储备一个冬天需要食用的大秋菜，既有放在露天环境下保鲜的，也有腌制的，随吃随取，保证一个冬天的需要。在南方，农民为了保证在蔬菜换季或洪水泛滥的时候有蔬菜可吃，他们会提前把蔬菜腌制好，保证在日常有菜可吃。人们的这种生活习惯是长期形成的，是对生活规律的总结，把这种合理成分提炼出来，运用到方方面面，就自然成为一种哲学方法。"天有不测风云，人有旦夕祸福。""凡事，三思而行，谋而后定。""谋事在人，成事在天。"这些精粹

格言反映了一种生活理性观。"夫未战而庙算胜者，得算多也；未战而庙算不胜者，得算少也。多算胜少算，而况于无算乎！吾以此观之，胜负见矣。""是故百战百胜，非善之善也；不战而屈人之兵，善之善者也。"这些反映了一种军事理性观。理性地对待自然和社会，平和地谋求发展，早已成为中华民族的一种性格。

第二节　食品烟熏

一、食品烟熏概述

（一）熏制的概念

熏制是将原材料放在密封的容器中，利用燃料的不完全燃烧所生成的烟使原料成熟或产生香味的食品加工方法。原材料多为可食用动物，也可使用豆制品和蔬菜。原料可整个熏，也可切成条、块进行熏制。熏制时，原料置于熏架上，其下置火灰并撒上熏料（锯末、松枝、茶、叶、糖、锅巴等），或锅中撒入香薰，上置熏架，将锅置火上隔火引燃熏料，使其不完全燃烧而生产烟，烘熏原料至熟。成品色泽红黄，具有各种烟香，风味独特。

（二）熏烟的作用

熏烟是由水蒸气、气体、液体（树脂）和微粒固体组合而成的混合物，其中对制品风味和防腐性影响较大的成分为酚、酸、醛、酮类等挥发性有机物。烟熏和蒸煮加热常相辅进行。烟熏能通过熏烟在制品表面的沉积作用，使制品表面形成特有的棕褐色，同时制品因烟熏时受热常有脂肪外渗起到润色作用，使制品表面色彩均匀、鲜明并具光泽。制品表面的色泽随熏材种类、熏烟浓度、树脂含量以及温度和水产品表面水分高低而有不同。熏烟浓度或温度较高，制品表面呈深褐色，较低则呈淡褐色。树脂是由熏烟中醛类和酚类缩合而形成的，是熏制品色泽形成的主要因素之一。树脂含量低，制品呈暗灰色，含量高则呈深灰色并带苦味。熏制品中特有的烟熏味和芳香味主要来自酚类和芳香醛类，它们具有良好的香气。其他如脂肪族的醛酮类和带有轻松微甜味的碳水化合物类物质，也有次要作用。

熏烟中的多数醛类、酸类和酚类是具有杀菌作用的物质，其中杀菌力强的部分是酚类，特别是存在于木焦油中的分子量较大的酚类。熏制品的防腐保藏是酚类、醛类、酸类等多种物质结合作用的结果。熏烟成分不但在熏制加工过程中有杀菌作用，而且在保藏期内仍具有遗留的杀菌作用。杀菌作用和防腐作用有着不可分割的关系，但具有杀菌作用并不等于具有完全的防腐作用。熏烟具有一定的杀菌能力，因此对制品也起着防腐保存作用，这与熏制方法密切相关。熏制品区别于其他加工制品的一个重要特点，是对油脂显著的抗氧化作用，这对易于氧化油烧的水产品有着重要的意义。熏制品通过熏烟中的抗氧化物质具有的抗氧特性，可使烟熏后的油脂产生高度稳定的抗氧性能，因而防止了油脂的氧化酸败。

（三）烟熏的方法

根据烟熏过程中加热温度和烟熏制剂的不同，熏制方法可以分为热熏、冷熏、液熏、电熏四种。

1. 热熏

制品周围熏烟和空气混合气体的温度超过 40 ℃的烟熏过程称为热熏。热熏的熏室通常有箱式与塔式两类。箱式熏室墙外筑有排烟管道，管道顶上接有烟囱。熏室内的容熏量一般不超过 200 kg。熏材燃烧产生的熏烟自下而上充满整个熏室空间，过剩的烟由烟道逸出。塔式熏室包括 1 个烘室和 1 个熏室，各有专用的火灶，必要时可移到室外。烘室与熏室间有小隔墙，以防热空气由烘室流向熏室。烘室的烟由风洞导入排废气导管，熏室的烟由排烟洞送入烟道。以上两类熏室都属简单的熏室，熏材直接在熏室内燃烧，熏制中的温度、湿度和烟量等不便控制。

为了获得品质良好的熏烟，提高熏制品的成品规格，熏室设备最好附有单独的熏烟发生装置，即熏烟发生器。熏烟发生器的样式和性能有所不同，比较完善的应有以下主要装置和性能，如能控制燃烧温度的燃烧器（通常采用电炉或煤气炉）、可以提取清净熏烟中杂质的净滤器、能调节熏烟与空气混合量的进风调节器等。其他装置可以根据需要选用。熏烟发生器除燃烧发烟法外，还有采用强热空气使木屑发烟或采用转盘、转筒摩擦发烟，这些都对改变发烟条件、改良熏烟质量、改进熏制品的品质起着良好的作用。

2. 冷熏

制品周围烟和空气混合气体的温度不超过 40 ℃（平均约 25 ℃）的烟熏过程称为冷熏。冷熏的熏室通常有箱式、塔式和隧道式三类。箱式熏室由数个或数十个结构相同的房间组成，房间的数目可以根据生产规模决定。熏室的门开在墙壁下部两侧，火灶的熏烟由此进入熏室。熏室下部有几个可开闭的通风洞，以便调节空气。熏室顶部有排烟孔与房顶外面烟囱相通。熏室内设有 3～4 层吊架，供吊挂水产品之用。每层吊挂物不宜排得太紧，以便使其能受到充分烟熏。塔式熏室有数层熏室，熏室中有一垂直运动的传动链条，链条上钉有悬挂水产品的条板。熏烟由熏室底部燃烧灶发出，由熏室顶部排烟口通入烟囱排出。熏制过程中，熏室内的传动链条不停地运动，干燥和熏制作用比较均匀一致。隧道式熏室长约 20 m，通常在熏室地面之下设有数个火灶，灶的侧面有门，门上有调节燃烧的进风口。水产品多挂在沿熏室铁轨不停移动的小车上连续作业，熏烟笼罩制品，烘干、熏制一次性完成。最后，熏烟在气流的自然循环下，通过熏室顶部排烟口从烟囱逸出。

3. 液熏

液熏亦称无烟熏制，是将木材干馏所得的木醋液或其他经方法所得的相同于熏烟成分的物质，经过适当精制，提炼成熏液，以代替熏烟进行熏制。用木醋液制造熏液，要点在于通过静置分离方法，或用分馏、过滤、吸附、萃取等方法，除去大部分带苦味的木焦油成分和其他一些具有不快气味的物质及有害物质，保留其中形成熏制品特有色、香、味等的成分。由于木醋液制的熏液，其主要熏制成分和熏烟成分有一定的差异，所以该液熏制品在香和味方面赶不上烟熏制品，宜采取从熏烟直接制取熏液。

制取方法采用静电设备，设备的主要部分由圆筒电极和冷却水套所构成的熏烟冷凝器组成。熏烟进入作为电极的圆筒后，熏烟中的充电粒子沉积到电极圆筒壁上，同时一部分可凝的成分和水蒸气被冷却，也凝结到圆筒壁上，两者混合而成的熏液下流到收集器中，这样所得到的熏液就保留了烟熏制品特有的品味。

4. 电熏

电熏是在熏室里装上电极使其形成电场，并使制品充电，则熏烟粒子就会在这种电场中作定向运动，被制品表面带电的蛋白质分子吸附沉积下来，此即所谓静电熏制。为加快熏烟在制品表面的沉积，缩短烟熏时间，可采取在高压电极作用下进行静电熏制，增加熏烟粒子的电荷量，加强电场强度，提高熏烟粒子的运动速度，使带负电的熏烟粒子迅速向作为阳极的水产制品表面作定向运动，并被吸附沉积下来。电熏法易于控制熏制过程中的各种操作条件，制品具有良好而均一的品质规格，同时热处理过程大大缩短，可提高成品率，节约原材料。但由于熏烟成分在制品体表沉积很快，渗透到体内很缓慢，所以电熏制品虽具有诱人的外观，但却缺乏一般熏制品特有的风味，尤其是肌肉内层更是如此。此外，电熏法虽能使生产操作机械化和连续化，但成本较高，工艺设备和安装操作比较复杂。

二、烟熏食品的烹调工艺与营养控制

烟熏食品的烹饪工艺十分简便，通常为人们生活中常用的烹饪工艺，重点使用家常菜的制作工艺。这主要是由于我国古代劳动生产能力低下，在劳动人民的生活中，肉类虽具有很高的食用价值，但没有电冰箱、冷库等保存设备，从而造成肉类食物不宜储存，经常出现腐烂变质，导致浪费。烟熏食品的特点就是容易保存，其烹饪工艺简单便捷。烟熏食品在我国得到了良好的传承，既能有效地储存肉类食物，又可以合理保留肉质中的营养价值，其口感深受消费者欢迎。

（一）烟熏食品的营养成分构成

烟熏食品通常是肉类食品，因此热量、蛋白质、脂肪以及胆固醇含量相对较高，并且富含各类微量元素，对人们身体补充能量，维持基本代谢功能有着十分重要的作用。相关研究报告显示，每 100 g 烟熏食品含有的营养物质分别为 518 kcal 的热量（相当于 133 min 的行走能量）、9.29 g 的碳水化合物、49.88 g 的脂肪、8.24 g 的蛋白质，以及 0.19 g 的纤维素。以上数据可以看出，烟熏食品的营养成分十分丰富。在进行烟熏食物制造时，木炭和木屑的特殊腌制作用会对烟熏食物中的浮动油脂以及水分造成极大影响。因此，相比正常的肉类食物，烟熏食物中的水分和油脂指数相对较少，但是其富含的矿物质、脂肪酸和蛋白质有助于人们补充生理必需的消耗，且食用烟熏肉可以提高血红素，促进吸收半胱氨酸，对人体营养的补充有着重要意义。

（二）烟熏食品的卫生问题

1.烟熏物资材料的卫生问题

部分烟熏食物的生产商虽然对烟熏食物的制造技术有着专业的水平以及科学清晰的作业流程，但是在烟熏物资材料上未能提高重视，从而造成烟熏食物卫生不达标的现象。

2.烟熏食品原料的卫生问题

部分烟熏食物的生产制造商为了提高生产经营利润，会降低对烟熏食物原材料的选择标准，而这无法满足人们的食用卫生需求，也存在致人身体不适的风险。

（三）烟熏食品的烹调工艺分析

1. 选料

选料是烟熏烹调工艺的首道工艺，选料的成功与否在很大程度上决定着烟熏食品的优劣程度，因此需要对选料工艺提高重视程度。一般烟熏食物有猪肉、牛肉、鱼肉、兔肉、羊肉、鸡肉、鸭肉等。在选择禽类肉料的时候，人们必须选择生长年龄较小的禽类肉料，这是为了保证肉质，且使其成为烟熏食物成品后能够有极佳的口感。在选择用于烟熏生烟的材料物资时，人们需要结合想要的烟熏食物的口感进行选择。为增强烟熏食物的味道，普通烟熏一般使用香味浓烈且物资个头细小的材料，常见的有甘蔗渣、松柏叶、茶叶以及樟树叶等。

2. 腌渍

腌渍是烟熏食物生产中极为关键的一个环节，不仅可以有效渗透来自食物材料外的香料味道，还可以在很大程度上中和食物自身的腥味，有助于提高烟熏食物的味道和香气。但是，目前仍有许多烟熏食物生产制造人员忽略了腌渍工艺的重要性，导致烟熏食物的成品味道存在很大程度的欠缺。腌渍需要将烟熏原料的水分以及血污处理干净，这样不仅能够保证原料的有效保存，还能够提高烟熏的质量。在处理完原料后，人们需要用食用盐、料酒、白砂糖以及葱、姜、蒜对原料进行腌制，这样既可以去除原料的腥味，又可以增强原料的味道，从而提升烟熏食物的口感。在腌渍过程中，人们必须要注意编制原料的时间，一般肉类为 2 h 以上，禽类和鱼类因为肉质比较细腻，只需 0.5 h 的时间就能腌制完成。

3. 上色

上色是烟熏食物烹调工艺中画龙点睛的存在，只有做好上色，才能使烟熏食物满足我国消费者对"色"的需求。虽然烟熏食物在制造过程中很大程度上能够被熏烟中所含有的醛类和酚类组织着色，但是由于颜色比较灰暗，与我国食物的色调格格不入，因此需要进行科学有序的上色来提高烟熏食物的外观效果。主要的上色操作方法如下：烟熏前，将需要烟熏的材料表层抹上料酒、酱油或糖水，将其放置在通风干燥的地方，当上色原料干涸后，就会形成金黄色的食物色调，这有助于增强烟熏食物产品的外观颜色。

4. 烟熏

烟熏是烟熏食物生产制造过程中的重中之重，具有核心地位。只有熟练掌握烟熏的性质以及火候，才能够有效提高烟熏食物的成功率，彰显烟熏食物的特色风味。用于制造烟熏食物的木屑，一般含有 40%～60% 的纤维素、20%～30% 的半纤维素及 20%～30% 的木质素，在木屑受热出现分解时，由于表面和中心无法得到均匀的受热效果，在表面进行燃烧的时候，木屑的中心依旧处于脱水的状态，因此这个过程能够产生一定数量的木煤气（含一氧化碳）、二氧化碳以及一些有机酸。大多数木屑在 200～260 ℃时就有熏烟产生；温度达到 260～310 ℃时，产生焦木液和一些焦油；温度上升到 310 ℃以上时，木质素热裂解产生酚和其他衍生物；当烟熏温度达到 400 ℃时，会产生大量的酚类物质，这些物质虽然有助于增强烟熏食物的味道以及色彩，但是在一定程度上会影响人体健康，这是由于在 400 ℃的熏烟温度下会产生苯丙芘及其他环烃等致癌物质。因此，为了将致癌物质的形成量控制在最低，就必须保证烟熏的温度不高于 400 ℃，最好为 350 ℃左右。在烟熏过程中，所导入的氧气具有一定的氧化作用，让熏烟变得更加复杂，如果控制不好，就会产生黑色的烟雾，使得大量的羧酸附着在烟熏食物上，造成食物不能食用。因此，在当代烟熏食物制造的过程中，烟熏的发生器一定要具备适量供应氧气的功能。

（四）烟熏食品的营养控制

1. 控制温度，避免营养流失

烟熏食物需要控制相应的温度才能够留住食物中原有的营养，因此在制作烟熏食物的过程中，需要科学有序地根据各类营养与温度的关系进行烟熏作业，并且结合时代的科技力量革新生产运营方法，以先进的烟熏食物制造设备进行生产，这有助于控制温度，避免营养流失。在高温下，蛋白质会发生硬化，但已有科学实验证明肉类在高温下蛋白质的营养总量不会改变，所以不必担心烟熏食物生产过程中蛋白质流失。相关研究表明，人体的吸收功能无法有效吸收和分解硬化的蛋白质。因此，烟熏食物制造时可以用先进的专业设备控制烟熏的温度，避免蛋白质硬化，这对烟熏食物的生产有着重要的推动作用。

2. 选择优质的烟熏材料，保证营养

要想保证烟熏食物的营养，除了控制好烟熏食物制造环节之外，还可以通过合理挑选烟熏材料对烟熏食物进行营养控制。烟熏食物制造人员可以选择较为优质的烟熏材料，如选择鱼肉时，工作人员可以选择较为肥胖的鱼肉，这样不仅能够保证鱼肉中含有充足的脂肪以及蛋白质，还可以避免在烟熏过程中造成营养流失，使鱼肉中的营养比例不能达到基本的要求。

3. 烟熏食物不可避免的毒素

虽然烟熏食品中包含许多人体所需的营养元素，但是烟熏食品的传统制作方法在很大程度上存在弊端，生产过程中会产生很多的有害物质，如苯并芘和环芳烃。其中，苯并芘是近年来在烟熏食物中发现的致癌物质，对人们的身体健康有着极大的影响。在制作烟熏食物的过程中，苯并芘有很多的来源。

第一，熏烟通常难以做到干净安全，因此进行烟熏食物制作的时候，食物会遭到苯并芘的污染，造成致癌物质渗透在食物之中。第二，烟熏过程中使用的焦土和淀粉也会产生大量的苯并芘，在烟熏的过程中会通过热气流质量较轻上升的作用聚集在烟熏食物表皮，从而影响烟熏食物的健康质量。第三，烟熏食物中通常富含很多脂肪，而脂肪在一定的温度作用下会产生一定量的苯并芘，不利于人的健康。

第三节 化学保藏剂

一、化学保藏剂概述

（一）化学保藏剂概念

化学保藏剂也叫化学保鲜剂，是指保持新鲜品质，减少流通损失，延长贮存时间的人工合成化学物质。

（二）化学保藏剂的种类及原理

目前，在果蔬保鲜中常用的化学保鲜剂主要有以下几类。

1. 吸附型防腐保鲜剂

吸附型防腐保鲜剂主要通过清除果蔬贮藏环境中的乙烯，降低氧气的含量或脱除过多的二氧化碳而抑制果蔬的后熟，以达到保鲜的目的。

（1）吸氧剂。目前已经应用的吸氧剂的共同的特点是以氧化还原感应为基础的，即这些吸氧剂与包装贮藏体系中的氧，化合生成新的化合物，从而消耗掉体系中的氧气，达到脱氧的目的。吸氧剂的类型有速效型、标准型和迟效型，其吸氧能力各不相同，吸氧所需时间也不同，但除氧的绝对能力是相同的。吸氧剂一般必须具备无毒无害、与氧气有适当的感应速度、无嗅无味、不产生有害气体和不影响食品品质的性质，以及价格低廉的特点。常用的吸氧剂主要有抗坏血酸、亚硫酸氢盐和一些金属，如铁粉等。

（2）二氧化碳吸附剂。二氧化碳吸附剂主要是利用物理吸附和化学感应，脱除、消耗贮藏环境中的二氧化碳，以达到保鲜的目的。常用的二氧化碳吸附剂有活性炭、消石灰和氯化镁等。另外，焦炭分子筛既可吸收乙烯又可吸收二氧化碳。以上吸附剂一般要装入密闭包装袋内，与所贮藏的果蔬放在一起，使用时注意选择适当的吸附剂包装材料，如尽量采用多孔透气包装，以使吸附剂发挥最大作用。

2.溶液浸泡型防腐保鲜剂

溶液浸泡型防腐保鲜剂主要通过浸泡、喷施等方式达到防腐保鲜的目的，是最常用的防腐保鲜剂，其作用杀死或控制果蔬表面或内部的病原微生物，达到调节果蔬采后代谢的目的。

（1）防护型杀菌剂。防护型杀菌剂主要有硼砂、硫酸钠、山梨酸及其盐类、丙酸、邻苯酚（HOPP）、氯硝胺（PCNA）、克菌丹和抑菌灵等。主要作用是防止病原菌侵入果实。虽然其对果蔬表面微生物有杀灭作用，但对侵入果实内部的微生物效果不大，与内吸式杀菌剂配合使用效果较好。目前主要用作洗果剂，最常用的是邻苯酚钠（SOPP）。

（2）苯并咪唑及其衍生物。苯并咪唑及其衍生物是广谱内吸型防腐保鲜剂，它对侵入果蔬的病原微生物效果明显，操作简便。主要有苯来特、噻苯达唑、托布津、甲基托布津和多菌灵等，都是高效、广谱的内吸性杀菌剂，可抑制青霉菌丝的生长和孢子的形成。但长期使用易产生抗性菌株，并对一些重要的病原菌如根霉、链格孢子菌、疫霉、地霉和毛霉，以及细菌引起的软腐病无抑制作用。苯来特不能与碱性药剂混用，甲基托布津不能与含铜药剂混用。

（3）新型抑菌剂。新型抑菌剂主要有抑菌唑、双胍盐、咪鲜胺、三唑灭菌剂、异菌脲和乙膦铝等。这类药为广谱型抑菌剂，能有效抑制对苯并咪唑产生抗性的菌株。

抑菌唑主要用于柑橘，对镰刀孢子有特效，对青霉菌孢子的形成有抑制作用，具有保护和治疗功能。双胍盐类抑菌剂不含金属和氯磷成分，是一种毒性较低的烷基胍类杀菌剂。该药剂对酸腐病有特效，同时对青霉菌和绿霉菌的抑制作用也比较明显，这是苯并咪唑类杀菌剂难以相比的。但双胍盐不能提供长期保护作用，其在国际上使用还不普遍，只有德国、瑞典等少数几个国家批准使用。

咪鲜胺能抑制指状青霉和意大利青霉；三唑灭菌剂对酸腐病有强的

抑制作用，常用于梨的保鲜；异菌脲可抑制根霉、链格孢和灰葡萄孢等；乙膦铝为良好的内吸剂。

（4）中草药煎剂。中草药中含有杀菌成分，并有良好的安全性和成膜特性。出于对食品安全和化学保鲜剂的毒性与残留的考虑，目前这方面研究应用日趋增多，现在研究利用的主要有精油、高良姜煎剂、魔芋提取液、大蒜提取液和肉桂醛等。但是中草药有效成分的提取及大批量生产还存在提取纯化技术、药效和成本等较多问题，广泛应用尚待时日。

3. 熏蒸型防腐剂

熏蒸型防腐剂是指在室温下能挥发成气体形式，抑制或杀死果蔬表面的病原微生物，而其本身对果菜毒害作用较小的一类防腐剂。目前已大量应用于果蔬及谷物防腐，常用的有以下几种。

（1）仲丁胺熏蒸剂。多用于柑橘、苹果、山楂、番茄和葡萄等的防腐。由于用量大，成本高，所以我国将其生产为复方型药剂，如保果灵、美帕曲星、申鲜二号、AB 保鲜防腐剂。

（2）二氧化硫熏蒸剂。主要用于葡萄的保鲜，对灰霉葡萄孢和链格孢有较强的抑制作用，可直接燃硫熏蒸（体积分数为 0.5% ～ 1%），也可用亚硫酸盐加干燥硅胶混合，装小袋和葡萄混放。以焦亚硫酸钾为主剂制成片剂进行熏蒸，可抑制多酚氧化酶活性而防止褐变，但熏蒸浓度要适当，浓度过高会造成二氧化硫残留。

二、化学保藏剂在果蔬储藏中的应用

（一）化学保藏剂在果蔬贮藏保鲜中的优势

在人民生活水平日益提高的当代社会，食品的安全性问题已经得到了广大群众的高度关注。随着网络技术以及交通行业的不断发展，我国果蔬行业的市场得到了有效拓展，但是果蔬的贮藏保鲜在很大程度上阻碍了该行业的进一步突破。目前，我国的果蔬保鲜方式多种多样，根据其保鲜模式的不同主要可以分为化学保鲜和物理保鲜。与物理保鲜相比，化学保鲜的能源消耗较小，资金设备的投入较低，因而化学保藏剂在果蔬贮藏过程中扮演着十分重要的角色，是一种被广泛使用的果蔬贮藏手段。化学保藏剂在果蔬贮藏保鲜中的应用优势主要包括以下几个方面：第一，设备投入较少。化学保藏剂主要被运用于一些已经采摘完成的瓜果蔬菜，因而其资金和人工投入相对较小。第二，在化学保藏剂的使用过程中，一般无需耗费过多的电力资源，其能量消耗相对较低，保鲜过程更加安全可靠。第三，化学保藏剂的使用剂量较小，其操作方式简单易学，对周围环境的要求相对较低，因而在小规模的果蔬产地得到了大范围的使用。

（二）化学保藏剂在果蔬贮藏保鲜中的具体应用

1. 化学涂膜剂在果蔬贮藏保鲜中的应用

在果蔬贮藏保鲜过程中使用化学涂膜剂，可以在果蔬的表层形成良好的防护膜，使果蔬表面的气孔出现堵塞现象，从而有效降低果蔬内部的含氧量，减少果蔬自身的呼吸作用和蒸腾作用。与此同时，在果蔬表面使用化学涂膜剂，还能有效减少微生物的生命活动，切实降低微生物的繁殖速度，这对延缓果蔬的衰老和变质具有深远的影响。目前，我国常用的化学涂膜剂主要包括海藻酸钠、壳聚糖以及蔗糖酯等化学物质，其在柑橘以及香蕉等贮藏过程中发挥了良好的保鲜作用。除此之外，在化学涂膜剂中加入抗生素或者防腐剂，可以有效增加该化学涂膜剂的抗菌作用，常用的抗生素和防腐剂主要有那他霉素、山梨酸、对羟基甲酸乙酯等；在化学涂膜剂中加入纳米材料，可有效改善化学涂膜剂的透气性和延展性，从而有效提高其保鲜效果，延长果蔬的贮藏期限。比如，在含有壳聚糖的 PE 复合膜中加入那他霉素，可以有效抑制微生物的生长活性，这在哈密瓜的保鲜贮藏中得到了广泛应用；在含有壳聚糖的 PE 复合膜中加入纳米材料 SiO_x，可以有效增加该化学涂膜剂的透气性，这在苹果的保鲜贮藏过程中发挥着积极作用。

2. 植物生长物质在果蔬贮藏保鲜中的应用

植物生长物质是一种来源于植物生长发育过程中的有机化合物，对植物的生长发育有着良好的调节作用，目前已经被广泛运用于果蔬的储藏保鲜中。乙烯是一种被经常使用的化学催熟剂，属于植物激素中促进生长衰老的范畴，在果蔬的成熟和贮藏过程中发挥着重要作用，其含量随着果蔬生长阶段的不同而发生有规律的变化。相关数据显示，乙烯含量会在果蔬的成熟期达到峰值，此时果蔬的呼吸作用也会出现类似的高峰。除此之外，果蔬的生理伤害以及病虫害等因素也会使乙烯的含量出现大幅度增长，因而在果蔬的贮藏过程中要尽量避免这些不利因素的影响。目前，乙烯在水果的运输和贮藏过程中扮演着重要角色，主要用于香蕉、菠萝以及猕猴桃等未成熟水果的催熟。除此之外，乙烯抑制剂和乙烯吸收氧化剂在果蔬的贮藏运输中也发挥着重要作用。比如，人们可以通过控制 ACC 合成酶和 ACC 氧化酶的合成过程来有效抑制乙烯的生成，从而有效减缓果蔬的衰老速率，在桃子等果蔬的保鲜过程中扮演着重要角色。目前，可以抑制乙烯合成的物质主要包括臭氧、氨基乙氧基乙烯基甘氨酸、氨基己酸、高锰酸钾等。

3. 天然提取物在果蔬贮藏保鲜中的应用

与其他化学保藏剂相比，天然提取物的安全性更高，对人体健康的影响也最小。目前，我国用于果蔬贮藏保鲜的天然提取物主要包括一些天然香料和中草药提取物。天然香料可直接作用于微生物的细胞膜，阻断微生物的代谢途径，其主要成分为挥发性精油，中药提取物则具有良好的抑菌杀菌作用，可有效改善微生物的生长繁殖，继而延缓果蔬的衰老速率。例如，柑橘类水果的果皮精油对青绿霉病的病原菌具有良好的抑制作用，樟属植物的精油中含有大量的桂酚、龙脑等成分，对微生物的活性具有良好的抑制作用。随着人们食品安全意识的不断增强，他们对果蔬保鲜过程中的添加剂也有了更高层次的要求，因此利用天然提取物进行果蔬保鲜，已经成为当前不可逆转的发展趋势之一，但是由于资金和技术等多种因素的影响，该方法的使用还有待进一步的推广。除此之外，食品添加剂也可以起到良好的防腐作用，并有效提高果蔬的营养价值。目前被大范围使用的食品添加剂主要包括抗氧化剂以及防腐剂，其主要成分为维生素 C、苯甲酸钠以及山梨酸钾等。食品添加剂在正常范围内使用是相对安全的，但是其过量或长期食用可能会诱发人体的多种疾病，因而各个企业在食品添加剂的使用过程中，要严格按照相关标准进行科学合理的添加。

随着人民对食品安全问题的不断重视，果蔬贮藏过程中化学剂的使用正面临巨大的挑战，如何在保证果蔬质量的同时减少化学添加剂对人体造成的损害，已经成为相关人员必须切实考虑的重要问题。

参考文献

［1］ 白雪.新食品加工技术对食品营养的影响［J］.农村实用技术,2022（7）:
102-104.

［2］ 蔡明珏.新型加热技术在食品加工中的应用及其研究进展［J］.现代盐
化工, 2022, 49（2）: 67-68.

［3］ 曹国超.3D 打印技术在我国食品加工行业中的应用与发展前景分析［J］.
现代食品, 2020（15）: 114-116.

［4］ 曹文华,陈显奇,徐伟强.食品加工技术对食品安全及营养的影响分析
［J］.现代食品, 2022, 28（12）: 150-152.

［5］ 陈洋洋.硒食品加工企业发展研究:以恩施州为例［D］.武汉:武汉轻
工大学, 2021.

［6］ 储亚萍.食品真空冷冻干燥技术研究概述［J］.安徽农学通报, 2020,
26（18）: 193-194.

［7］ 楚倩倩,任广跃,段续,等.过热蒸汽和热风干燥在食品领域中的应用
对比［J］.食品与发酵工业, 2022, 48（16）: 297-304.

［8］ 戴若平,王霞.食品加工中的杀菌技术应用研究［J］.食品安全导刊,
2022（3）: 130-132.

［9］ 戴若平,王霞.食品加工中生物技术的应用及发展［J］.食品安全导刊,
2021（36）: 166-168.

［10］侯皓然,马淑凤,王利强.食品包装热杀菌过程模型的建立及仿真研究
进展［J］.中国食品学报, 2022, 22（7）: 407-416.

［11］贾雯.超声波技术对食品杀菌效果及其与巴氏杀菌法的差异探究［J］.

食品工程，2021（04）：41-42，57.

［12］雷蕾，郑海武，李正英.多元教学模式在焙烤食品加工技术课程教学中的应用［J］.西部素质教育，2022，8（10）：170-172.

［13］李蓉，林海滨.食品杀菌新技术应用研究进展［J］.现代食品，2022，28（12）：63-67.

［14］李哲.基于信息化技术的食品加工与生产管理分析［J］.食品安全导刊，2022（13）：162-164.

［15］梁诗洋，张鹰，曾晓房，等.超声波技术在食品加工中的应用进展［J］.食品工业科技，2023，4（4）：462-471.

［16］刘曼，南敬昌，丛密芳，等.射频加热技术在农产品和食品加工中的应用［J］.食品与发酵工业，2023，49（8）：289-296.

［17］刘盼盼，任广跃，段续，等.微波处理技术在食品干燥领域中的应用［J］.食品与机械，2020，36（12）：194-202.

［18］刘世永，侯晓宇，吴梅娇，等.裙带菜在食品加工产业中的发展研究［J］.食品工程，2022（2）：12-15.

［19］刘树攀.超高压技术在食品加工中的应用［J］.食品安全导刊，2022（14）：163-165.

［20］毛瑞鑫.食品加工企业成本管理精益化发展策略探讨［J］.财经界，2021（13）：65-66.

［21］孟媛媛，刘海泉，潘迎捷，等.光动力杀菌机制及在食品应用中的优势与不足［J］.食品工业科技，2022，43（22）：414-421.

［22］潘云.食品干燥设备恒温控制系统设计［J］.中国食品工业，2022（17）：112-116.

［23］邵军晖，赵丽超，张洪旗，等.浅析食品冷冻干燥技术：以速冻隧道冷风机设计为例［J］.中国食品工业，2021（7）：68-71.

［24］史硕利.真空冷冻干燥食品加工工艺分析［J］.现代食品，2021（9）：71-73.

［25］孙璐，郭婵，赵晓燕，等.纳米技术在风味物质食品加工中的应用与发

展［J］.中国调味品，2022，47（3）：206-210.

［26］孙照寒，衣铨，陈雪.金针菇干燥即食品的配方研究［J］.农产品加工，2021（20）：20-21.

［27］王骋，窦鸿瑄.微波技术在食品加工中的应用［J］.食品安全导刊，2022（13）：168-170.

［28］王充，张小华，魏秋羽，等.大数据分析背景下双高院校教学质量监控反馈体系建设初探：以食品加工技术专业为例［J］.农产品加工，2022（8）：114-116.

［29］王潇栋，孔阳芷，张艳玲，等.杀菌技术的作用机制及在食品领域中的应用［J］.中国酿造，2022，41（2）：1-8.

［30］吴晓蒙，饶雷，张洪超，等.新型食品加工技术提升预制菜肴质量与安全［J］.食品科学技术学报，2022，40（5）：1-13.

［31］邢云霞，冯云龙，董文舒.浅谈真空冷冻干燥技术在食品加工中的应用与前景［J］.食品安全导刊，2020（33）：177.

［32］许婧.茶叶保健食品加工技术及发展趋势分析［J］.现代食品，2022，28（4）：70-73.

［33］晏小燕，罗笑娟，刘容.微生物酶技术在食品加工与检测中的应用［J］.食品安全导刊，2022（17）：184-186.

［34］杨大恒，付健，李晓燕.食品红外辅助冷冻干燥技术的研究进展［J］.包装工程，2021，42（3）：100-106.

［35］杨丰，青舒婷，王晨笑，等.远红外辅助热泵干燥技术在食品加工中的应用研究进展［J］.食品科技，2021，46（5）：75-80.

［36］殷春雁，赵宇婷，刘自单，等.磷酸盐存在时食品大分子的干燥加热磷酸化及其多功能化研究进展［J］.食品研究与开发，2020，41（18）：208-212.

［37］尹军峰，许勇泉，张建勇，等.茶饮料与茶食品加工研究"十三五"进展及"十四五"发展方向［J］.中国茶叶，2021，43（10）：18-25.

［38］于林杰.超高压食品加工设备现状及发展趋势［J］.食品安全导刊，

2021（31）：162-164.

［39］岳军.真空冷冻干燥食品的加工工艺研究［J］.食品安全导刊,2021（18）：
157，160.

［40］张欢.H腌渍食品加工有限公司发展战略研究［D］.邯郸：河北工程大学,
2021.

［41］张科强，池雄飞.食品干燥设备恒温控制系统设计［J］.食品工业,
2021，42（7）：188-190.

［42］张立欣，徐庆，郑兆启，等.液体食品连续流动微波杀菌研究进展［J］.
包装与食品机械,2022，40（2）：107-112.

［43］张瑞娟，朱亚珠.粮油食品加工技术课程思政教学的探索与实践［J］.
安徽农学通报,2022，28（11）：184-186，192.

［44］张卫卫，王静，石勇，等.真空冷冻干燥食品加工技术研究［J］.食品
安全导刊,2020（27）：161.

［45］张长虹.食品质量安全管理体系与食品加工标准化发展策略［J］.食品
安全导刊,2022（9）：26-28，32.

［46］赵勇.食品加工机械智能化生产技术的发展研究：评《食品加工机械与
设备》［J］.有色金属（冶炼部分）,2021（1）：99.

［47］赵钰博，张浪，陈倩，等.4D打印技术在食品加工领域的研究进展［J］.
食品科学,2023，44（5）：338-345.

［48］郑燕丹，袁凤娟，郑立冰，等.滚筒干燥法制备的婴幼儿谷类辅助食品
保质期研究［J］.粮油食品科技,2021，29（6）：184-189.

［49］郑子涛，金亚美，张令涛，等.电场技术在食品杀菌中的研究进展［J］.
食品科学,2023，44（11）：177-184.